Shampoo&Dry Workbook

샴푸&드라이 실전 워크북

구민사

CONTENTS

01 두피와 모발

02 샴푸와 린스 & 트리트먼트

CONTENTS

03 블로우 드라이 & 아이론 드라이

04 부록

01

두피와 모발

1 두피의 이해

1) 두피의 정의

두피는 두부(頭部)를 보호하고 있는 피부조직으로 외부의 물리적 자극이나 화학적 변화를 완충시켜 두부 내부를 보호하고 유지하는 부분이다. 건강한 모발을 생성하고 성장시키기 위한 근원이 되는 두피는 인체조직 등 다른 어떤 부분보다도 모낭과 혈관이 풍부하고 신경분포가 조밀하며 섬세한 구조로 이루어져 있다.

2) 두피의 기능

구분	내용
보호기능	
호흡기능	
흡수기능	
분비기능	
배설기능	
체온조절기능	
감각기능	

3) 두피의 타입

구분	내용
정상두피	
건성두피	
지성두피	
예민성두피	
비듬성두피	

2 모발의 이해

1) 모발의 생리

(1) 모발의 정의

부속기관인 털 중 모발은 두피의 각질층이 변화해서 생긴 섬유성 단백질인 케라틴으로 구성된 죽은 세포를 말하며 촉각이나 통각을 전달하고 외부의 화학적, 기계적 자극으로부터 두피를 보호하는 기관이다.

(2) 모발의 발생

전모아기	모아기	모항기	모구성 모항기	완성 모낭

2) 모발의 구조

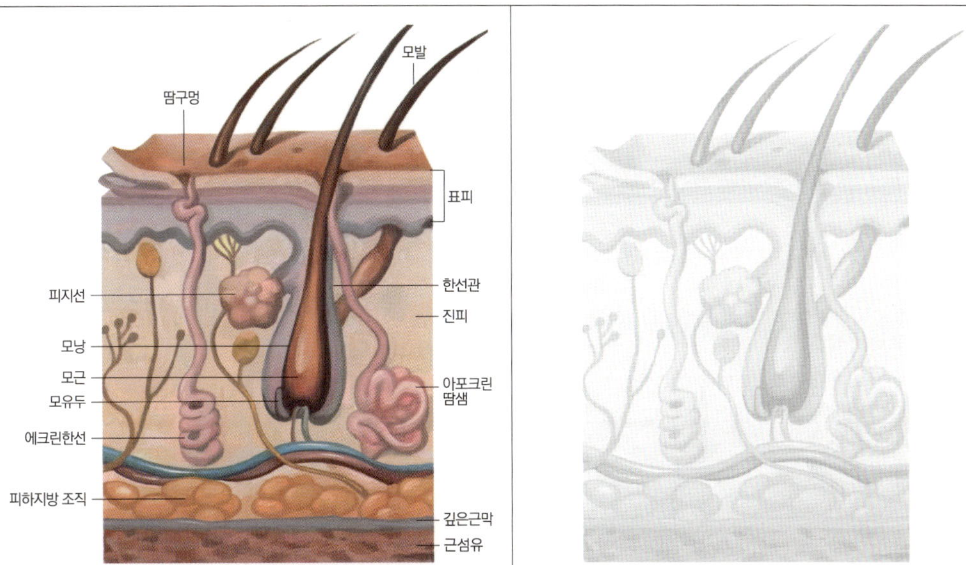

그림을 따라 그려봅시다.

[그림 1-1] 모발의 구조

(1) 모근부

구분	내용
피지선	
한선	
모구	
입모근	
모유두	
모낭	
모모세포	
모세혈관	
자율신경	

(2) 모간부

구분	내용
모표피	
모피질	
모수질	

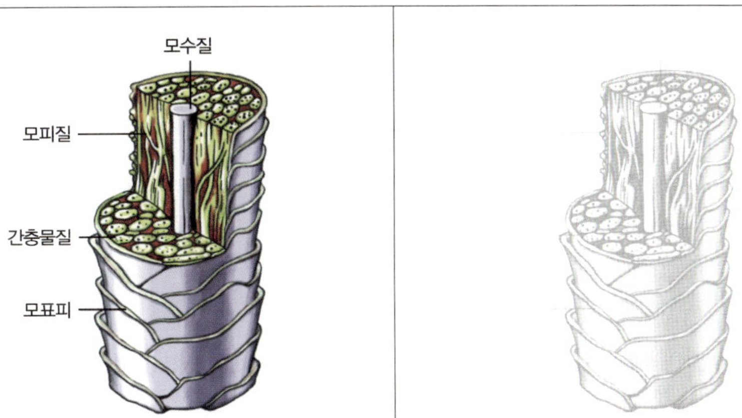

그림을 따라 그려봅시다.

[그림 1-2] 모간부의 구조

3) 모발의 기능

구분	내용
보호의 기능	
감각의 기능	
배출의 기능	
장식의 기능	

4) 모발의 성장주기

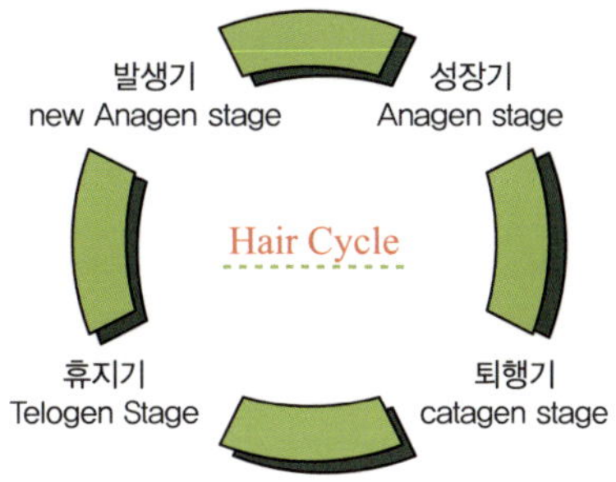

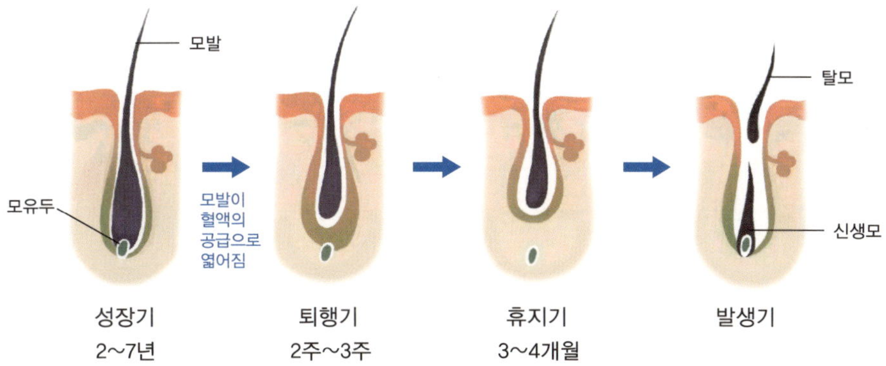

[그림 1-3] 모발의 성장주기

구분	내용
성장기	
퇴행기	
휴지기	
발생기	

5) 모발의 물리적 특성

구분	내용
모발의 탄성	
모발의 강도	
모발의 흡습성	
모발의 고착력	
모발의 질감	
모발의 팽윤	
모발의 pH	
모발의 광변성	
모발과 열	

MEMO

02

샴푸와 린스 & 트리트먼트

Shampoo&Dry Workbook

1 샴푸의 이해

1) 샴푸의 기능 및 목적

2) 계면활성제

계면활성제 종류	내용
음이온성 계면활성제	
양이온성 계면활성제	
양쪽성 계면활성제	
비이온성 계면활성제	

3) 두피와 모발 타입별 샴푸

구분	내용
정상두피 및 모발	
건성두피 및 모발	
지성두피 및 모발	
탈모두피 및 모발	
비듬성두피 및 모발	
예민성두피 및 모발	

4) 세정 작용의 원리

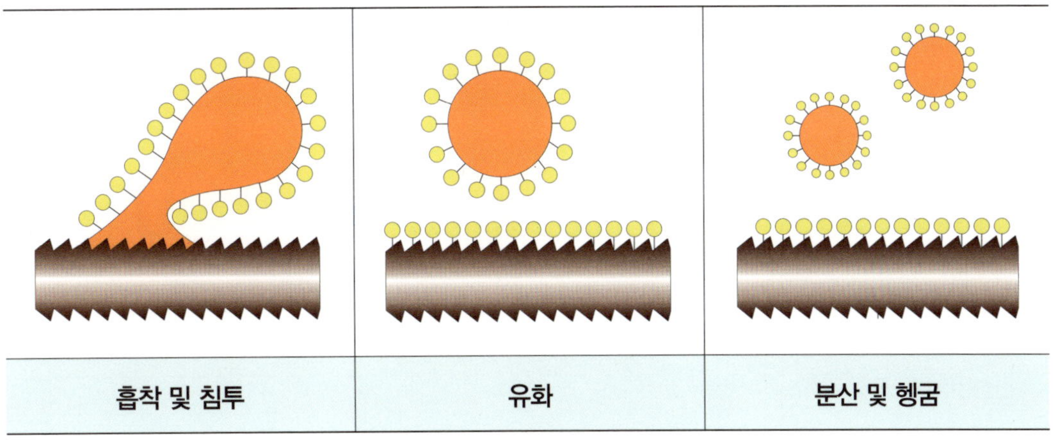

[그림 2-1] 세정 작용의 원리

2 린스의 이해

1) 린스의 기능 및 목적

2) 린스의 효과

3) 린스의 종류

구분	내용
산성 린스제	
크림 린스제	
손상모 린스제	

3 트리트먼트의 이해

1) 트리트먼트의 기능 및 목적

2) 트리트먼트의 효과

REPORT

두피 및 모발 타입별 샴푸사용 현황조사

<table>
<tr><td rowspan="2">구분</td><td rowspan="2">대상자 (   )</td><td>성별 / 나이</td><td>남 · 여
세</td></tr>
<tr><td>샴푸 시기 및 횟수</td><td>/</td></tr>
<tr><td>두피타입</td><td colspan="3"></td></tr>
<tr><td>모발타입</td><td colspan="3"></td></tr>
<tr><td rowspan="2">현재 사용 중인
샴푸제 및 특징</td><td>제품명 :</td><td>제품사진</td><td>주요성분</td></tr>
<tr><td>특징 :</td><td></td><td></td></tr>
<tr><td rowspan="2">현재 사용 중인
린스제 및 특징</td><td>제품명 :</td><td>제품사진</td><td>주요성분</td></tr>
<tr><td>특징 :</td><td></td><td></td></tr>
<tr><td rowspan="2">현재 사용 중인
트리트먼트제 및 특징</td><td>제품명 :</td><td>제품사진</td><td>주요성분</td></tr>
<tr><td>특징 :</td><td></td><td></td></tr>
</table>

종합의견	

※ 부록 참조

4 샴푸와 린스 & 트리트먼트의 실전

1) 샴푸의 기본 순서

샴푸 준비 (사전 브러싱)	⇨	물 도포	⇨	거품 생성 ⇨
샴푸 매니플레이션	⇨	헹굼	⇨	린트 / 트리트먼트 매니플레이션 ⇨
헹굼	⇨	타월드라이	⇨	마무리 (주변 정리)

2) 두상 포인트 및 영역

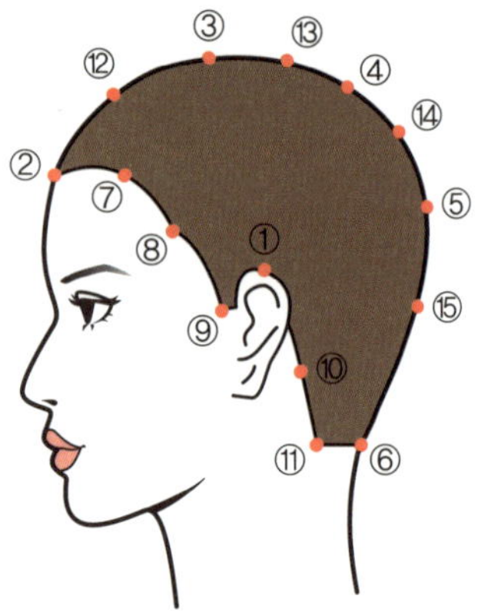

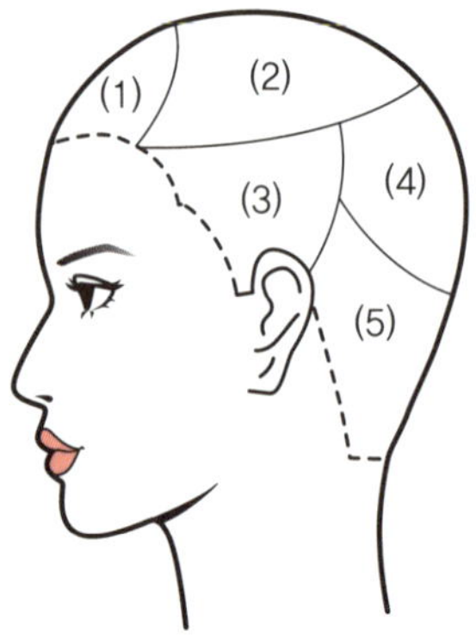

약어 및 용어

①	(1)
②	(2)
③	(3)
④	(4)
⑤	(5)

⑥

⑦

⑧

⑨

⑩

⑪

⑫

⑬

⑭

⑮

3) 샴푸 기본 동작

1. 지그재그		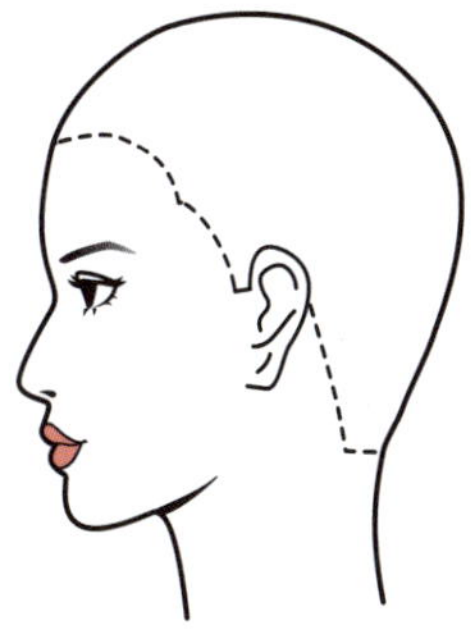
2. 굴리기		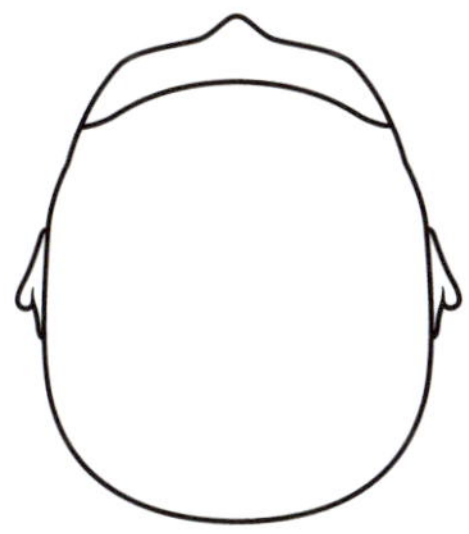
3. 양손 교차		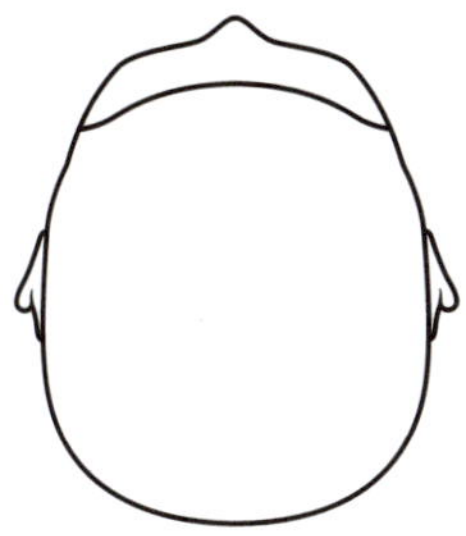
4. 튕기기		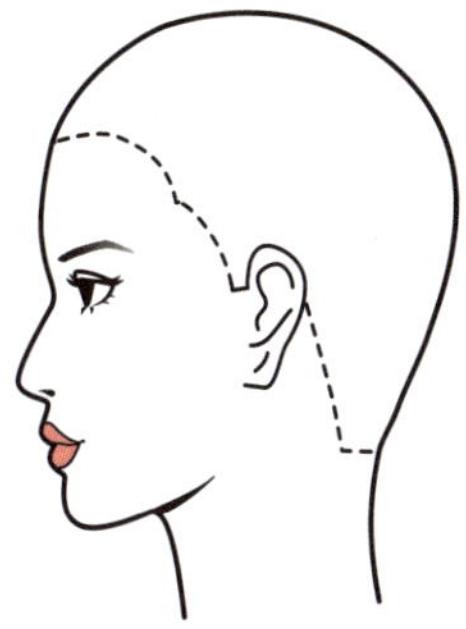

샴푸 매니플레이션 동작

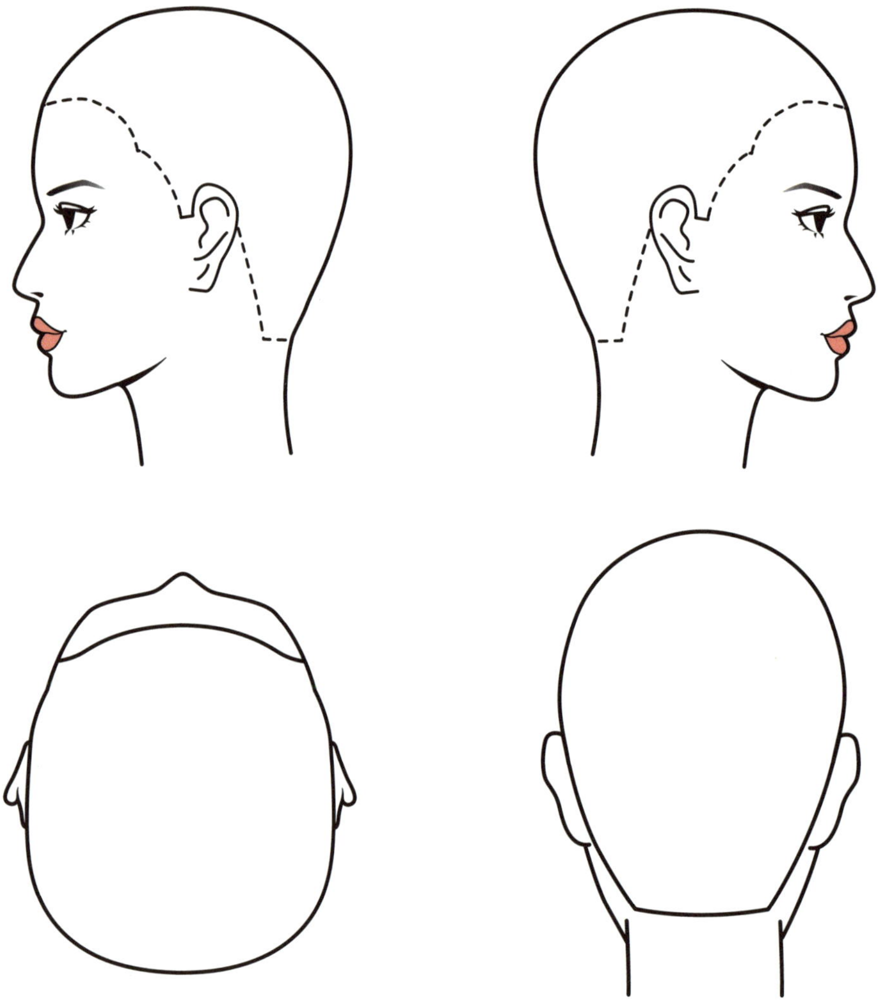

샴푸 매니플레이션 과정

린스 매니플레이션 동작

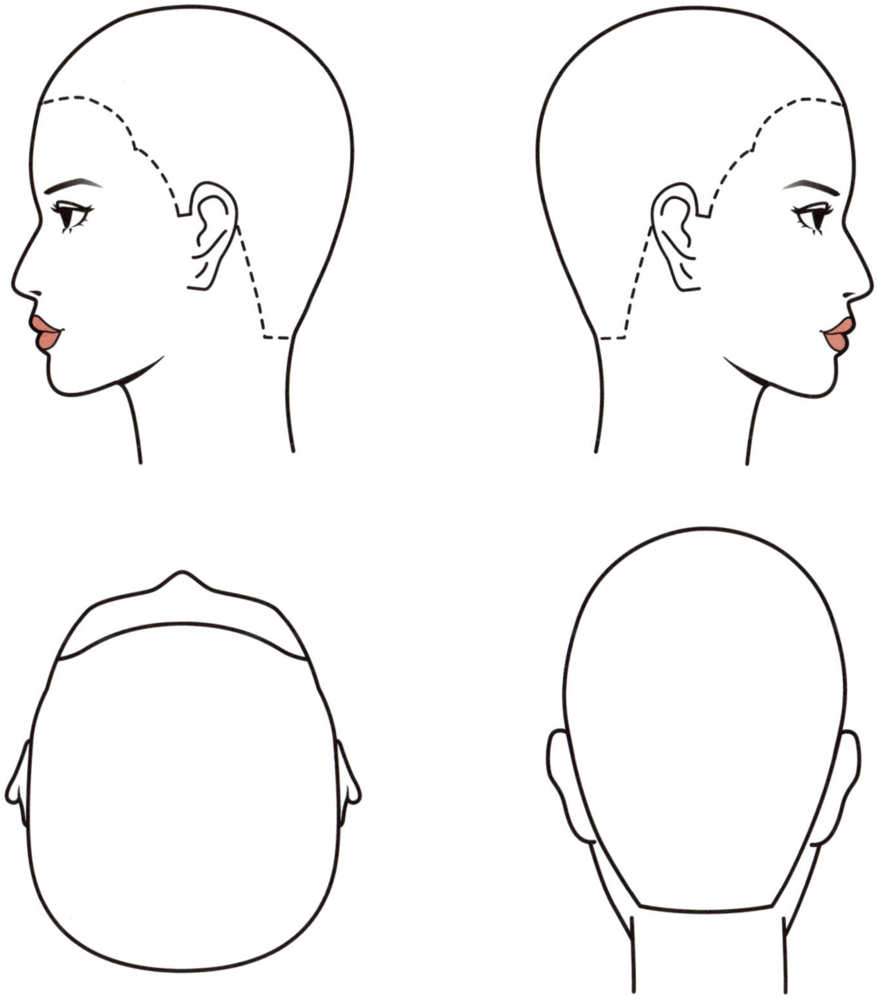

린스 매니플레이션 과정

4) 샴푸 실습

조원 구성

학번	이름

샴푸 과정

샴푸평가 체크리스트

체크일자 : 년 월 일
시술자 : (학번 :)
평가자 : (학번 :)

학습내용	평가항목	평가	피드백
샴푸준비	고객에게 어깨보(방수보) 착용능력	1 • 2 • 3 • 4 • 5	
	엉킨 모발의 정돈 및 이물질 제거를 위한 사전 브러쉬 능력	1 • 2 • 3 • 4 • 5	
물 도포	물의 수압과 온도 조절 능력	1 • 2 • 3 • 4 • 5	
	물 도포 능력	1 • 2 • 3 • 4 • 5	
거품 생성	거품 생성 능력	1 • 2 • 3 • 4 • 5	
	거품이 고객에게 튀지 않는 능력	1 • 2 • 3 • 4 • 5	
샴푸	모발 당김없이 샴푸하는 능력	1 • 2 • 3 • 4 • 5	
매니플레이션	손톱이 아닌 손가락의 지문부분으로 샴푸하는 능력	1 • 2 • 3 • 4 • 5	
	테크닉의 연결동작의 유연성	1 • 2 • 3 • 4 • 5	
헹굼	귀 뒤, 목덜미 등에 샴푸거품이 남지 않도록 하는 능력	1 • 2 • 3 • 4 • 5	
	얼굴이나 목덜미 쪽으로 물이 흐르지 않는 능력	1 • 2 • 3 • 4 • 5	
	헹굼 시 고객에게 청량감을 주는 능력	1 • 2 • 3 • 4 • 5	
린스	린스제가 두피에 닿지 않는 능력	1 • 2 • 3 • 4 • 5	
매니플레이션	적절한 압으로 매니플레이션하는 능력	1 • 2 • 3 • 4 • 5	
	모발이 당겨지지 않도록 하는 능력	1 • 2 • 3 • 4 • 5	
타월드라이	모발이 흘러내리지 않도록 타월을 잘 감싸는 능력	1 • 2 • 3 • 4 • 5	
	타월드라이 시 모발이나 두피에 강한 자극이 가지 않도록 하는 능력	1 • 2 • 3 • 4 • 5	

1. 매우미흡 2. 미흡 3. 보통 4. 우수 5. 매우우수

자가평가

샴푸실습 후 체크리스트를 작성하여 학생 스스로 실력향상에 도움이 될 수 있도록 합시다. (부록참조)

MEMO

MEMO

03

블로우 드라이 & 아이론 드라이

Shampoo&Dry Workbook

1 블로우 드라이의 이해

1) 블로우 드라이의 정의

모발에 드라이어의 열과 여러 종류의 빗(comb)과 브러쉬(brush) 등을 이용하여 헤어스타일을 만드는 기술이다.

2) 블로우 드라이의 목적

2 블로우 드라이의 원리

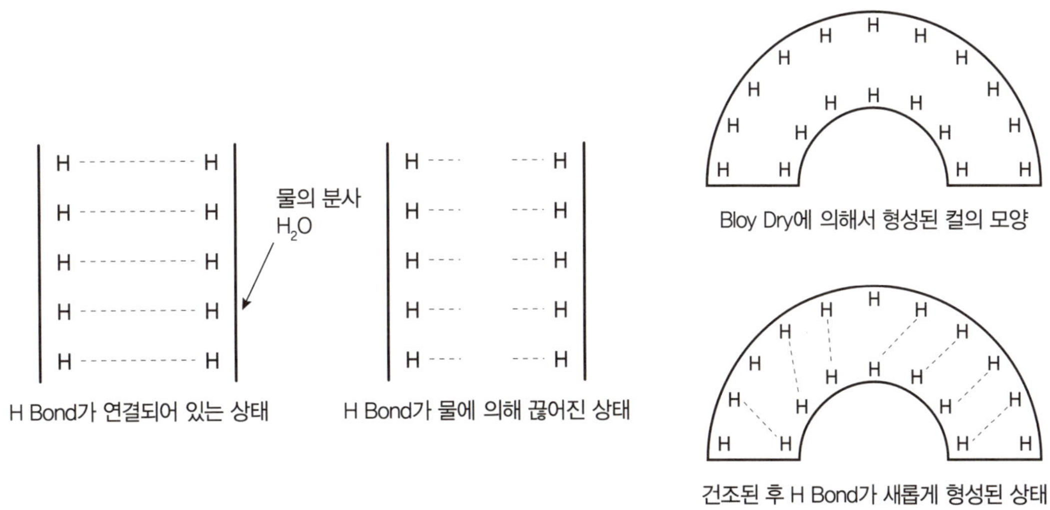

[그림 3-1] 블로우 드라이의 원리

3 블로우 드라이의 스타일링 기법

1. 뿌리 볼륨		이미지 사진 또는 그림을 그려봅시다.
2. 스트레이트		이미지 사진 또는 그림을 그려봅시다.
3. C컬		이미지 사진 또는 그림을 그려봅시다.
4. S컬		이미지 사진 또는 그림을 그려봅시다.

MEMO

4 블로우 드라이의 실습

1) 스트레이트 블로우 드라이(Straight Blow Dry)

스트레이트 블로우 드라이

Front

Left

타월드라이 → 스타일 제품 도포 → 두피 말리기 → 80~90% 모발 건조 → 브러시 종류와 사이즈 선정 → 뿌리, 표면, 끝머리 드라이 → 피니싱 제품 도포

테크닉 습득 포인트

-
-
-
-

key point 스트레이트형의 블로우 드라이

→ 두상의 곡선을 따르되 모질의 형태를 스트레이트하게 변화시켜보자.

스트레이트 블로우 드라이 프로세스

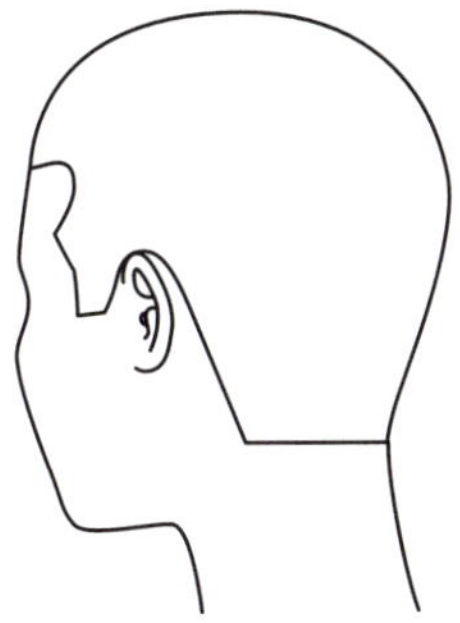

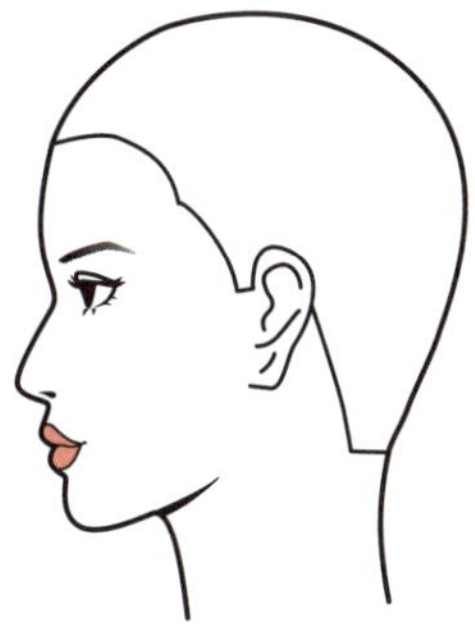

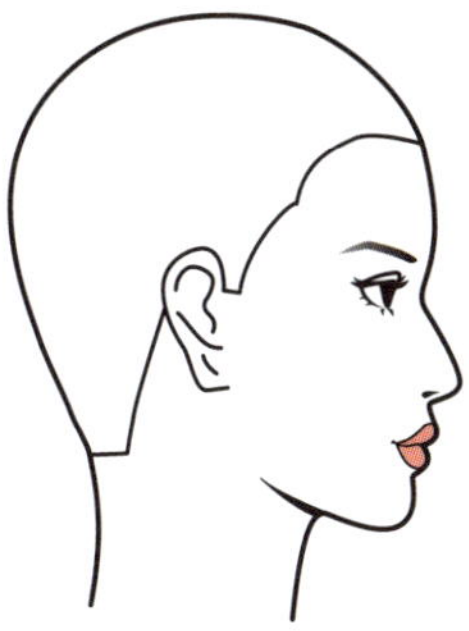

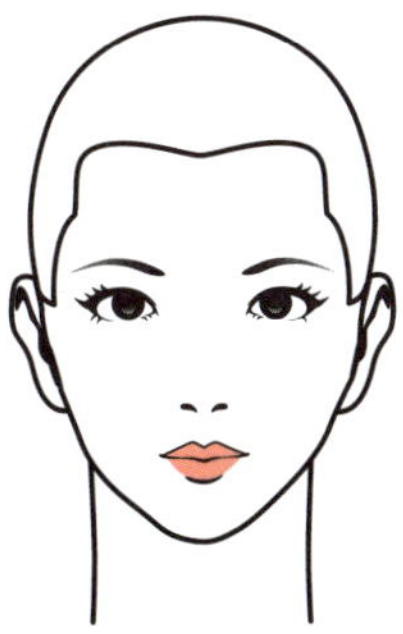

스트레이트 블로우 드라이

Before	After
사진 앞	사진 앞
사진 우측	사진 우측
사진 뒤	사진 뒤
사진 좌측	사진 좌측

스트레이트 블로우 드라이 이미지 맵

image map

2) 인컬 블로우 드라이(In-Curl Blow Dry)

인컬 블로우 드라이

Front

Left

타월드라이 → 스타일 제품 도포 → 두피 말리기 → 80~90% 모발 건조 → 브러시 종류와 사이즈 선정 → 뿌리, 표면, 끝머리 드라이 → 피니싱 제품 도포

테크닉 습득 포인트

-
-
-
-

key point 인컬 블로우 드라이

→ 두상의 곡선을 따르되 모질의 형태를 인컬로 변화시켜보자.

인컬 블로우 드라이 프로세스

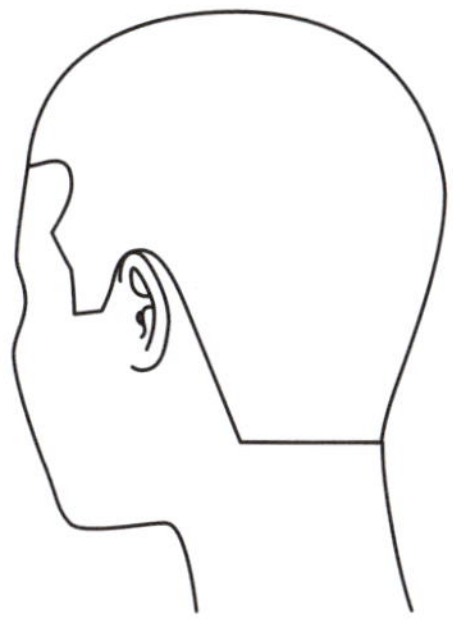

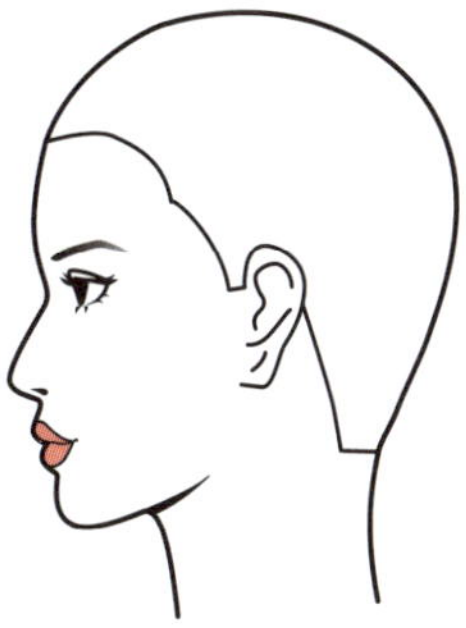

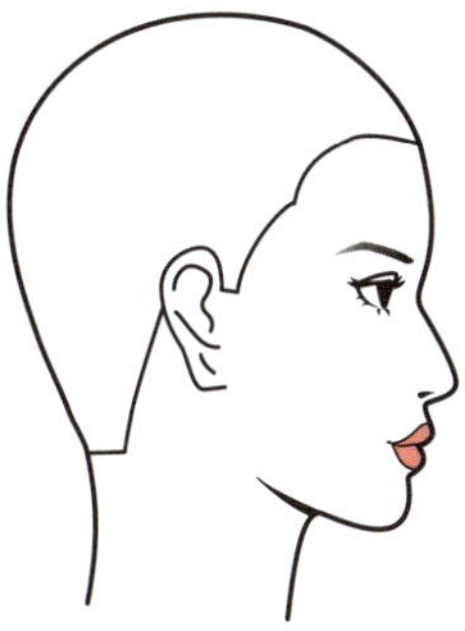

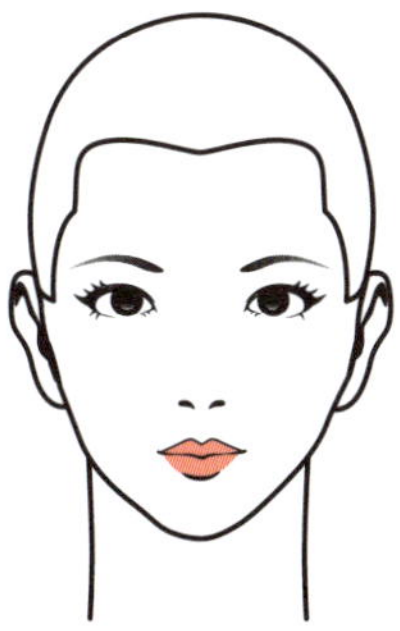

인컬 블로우 드라이

Before	After
사진 앞	사진 앞
사진 우측	사진 우측
사진 뒤	사진 뒤
사진 좌측	사진 좌측

인컬 블로우 드라이 이미지 맵

image map

3) 아웃컬 블로우 드라이(Out-Curl Blow Dry)

아웃컬 블로우 드라이

Front

Left

타월드라이 → 스타일 제품 도포 → 두피 말리기 → 80~90% 모발 건조 → 브러시 종류와 사이즈 선정 → 뿌리, 표면, 끝머리 드라이 → 피니싱 제품 도포

테크닉 습득 포인트

-
-
-
-

key point 아웃컬 블로우 드라이

→ 두상의 곡선을 따르되 모질의 형태를 아웃컬로 변화시켜보자.

아웃컬 블로우 드라이 프로세스

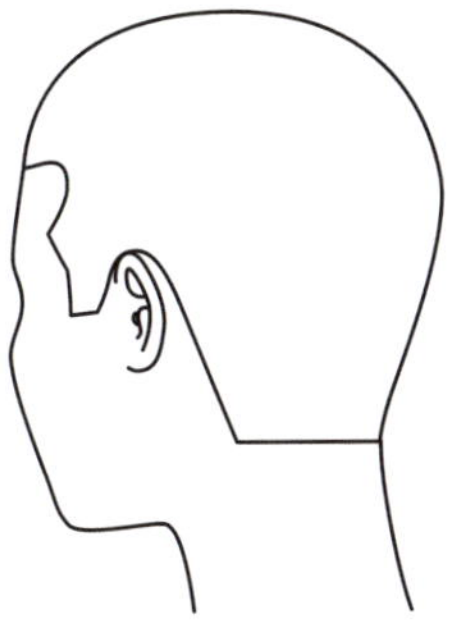

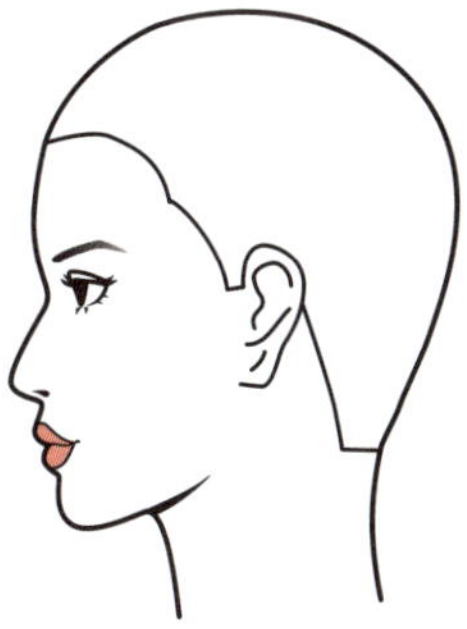

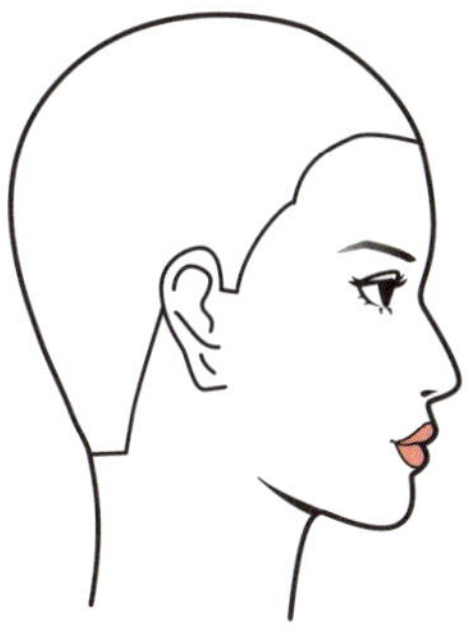

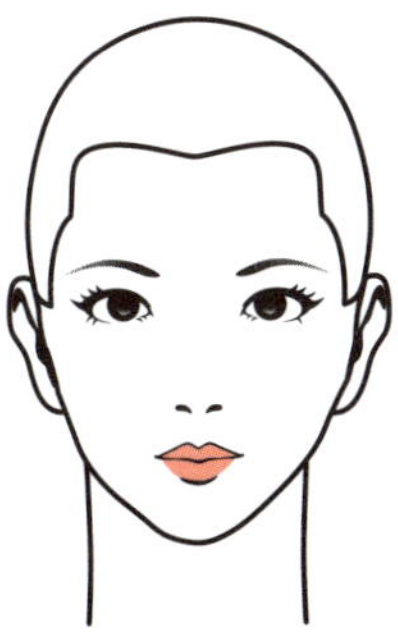

아웃컬 블로우 드라이

Before	After
사진 앞	사진 앞
사진 우측	사진 우측
사진 뒤	사진 뒤
사진 좌측	사진 좌측

아웃컬 블로우 드라이 이미지 맵

image map

4) C컬 블로우 드라이(C-Curl Blow Dry)

C컬 블로우 드라이

Front

Left

타월드라이 → 스타일 제품 도포 → 두피 말리기 → 80~90% 모발 건조 → 브러시 종류와 사이즈 선정 → 뿌리, 표면, 끝머리 드라이 → 피니싱 제품 도포

테크닉 습득 포인트

-
-
-
-

key point C컬 블로우 드라이

→ 두상의 곡선을 따르되 모질의 형태를 C컬로 변화시켜보자.

C컬 블로우 드라이 프로세스

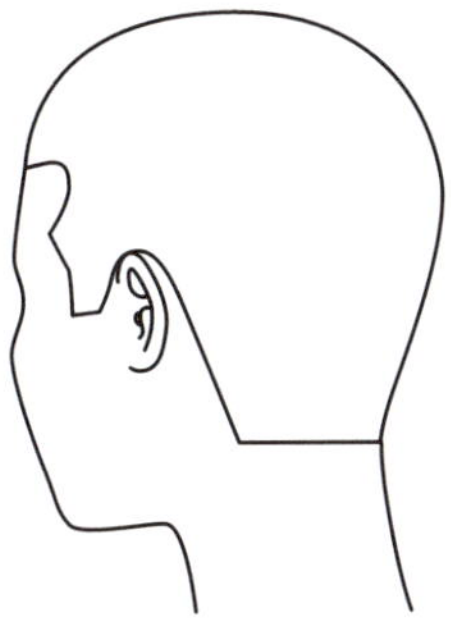

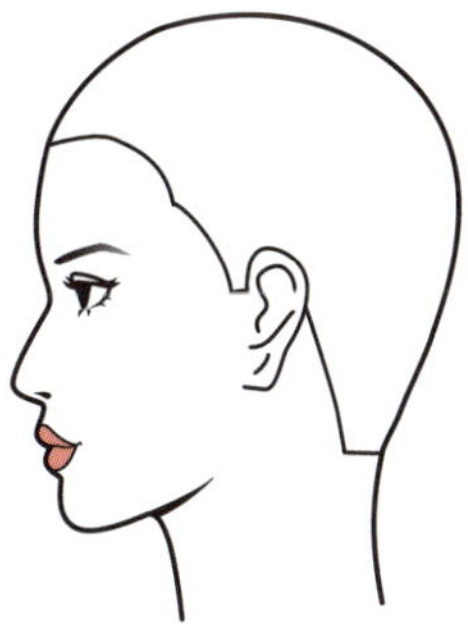

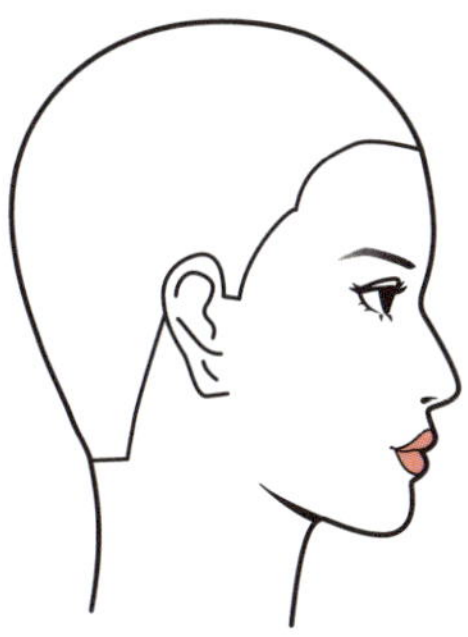

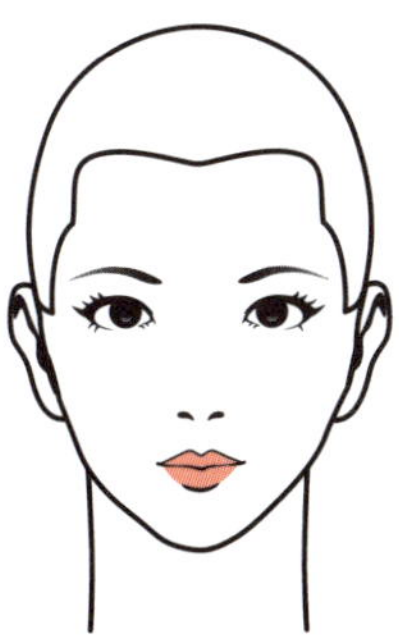

C컬 블로우 드라이

Before	After
사진 앞	사진 앞
사진 우측	사진 우측
사진 뒤	사진 뒤
사진 좌측	사진 좌측

C컬 블로우 드라이 이미지 맵

image map

5 아이론 드라이의 실습

1) 스트레이트 아이론 드라이(Straight Iron Dry)

스트레이트 아이론 드라이

Front

Left

타월드라이 → 스타일 제품 도포 → 두피 말리기 → 100% 모발 건조 → 아이론 종류와 사이즈 선정 → 아이론 드라이 → 피니싱 제품 도포

테크닉 습득 포인트

-
-
-
-

key point 스트레이트형의 아이론 드라이

→ 두상의 곡선을 따르되 모질의 형태를 스트레이트하게 변화시켜보자.

스트레이트 아이론 드라이 프로세스

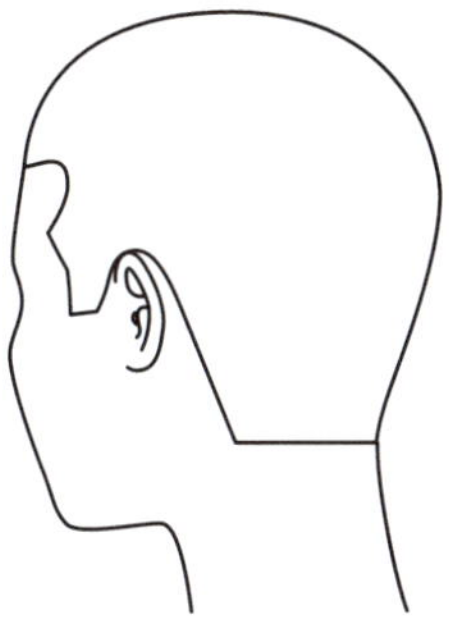

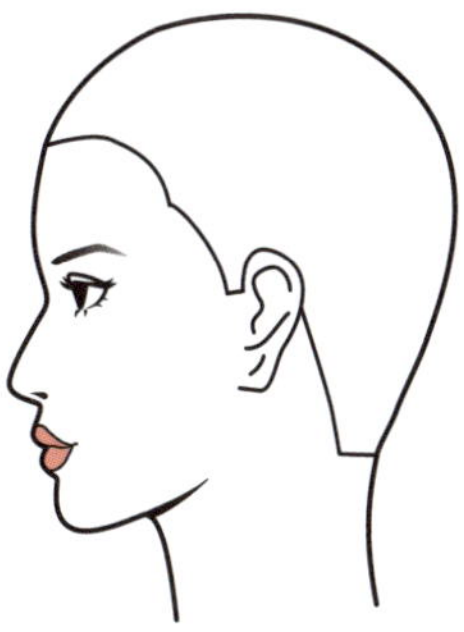

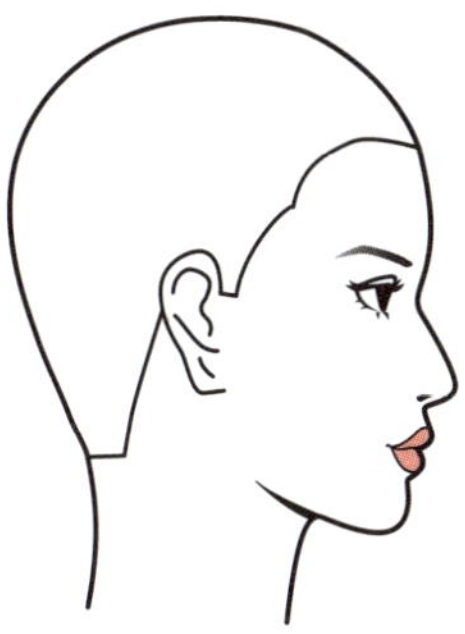

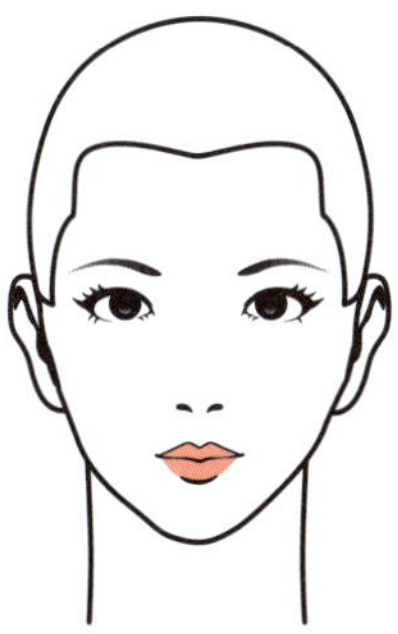

스트레이트 아이론 드라이

Before	After
사진 앞	사진 앞
사진 우측	사진 우측
사진 뒤	사진 뒤
사진 좌측	사진 좌측

스트레이트 아이론 드라이 이미지 맵

image map

2) 인컬 아이론 드라이(In-Curl Iron Dry)

인컬 아이론 드라이

Front

Left

타월드라이 → 스타일 제품 도포 → 두피 말리기 → 100% 모발 건조 → 아이론 종류와 사이즈 선정 → 아이론 드라이 → 피니싱 제품 도포

테크닉 습득 포인트

•
•
•
•

key point 인컬 아이론 드라이

→ 두상의 곡선을 따르되 모질의 형태를 인컬로 변화시켜보자.

인컬 아이론 드라이 프로세스

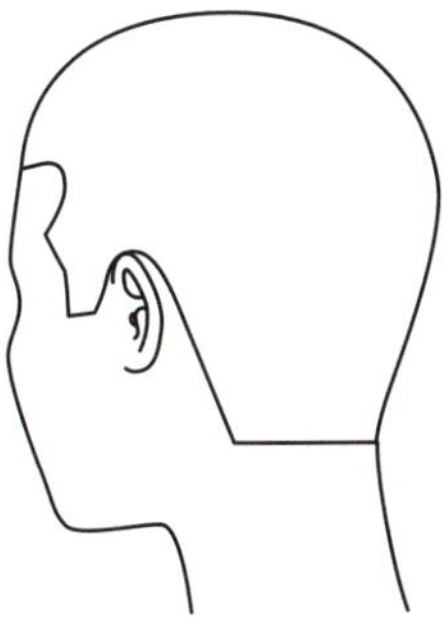

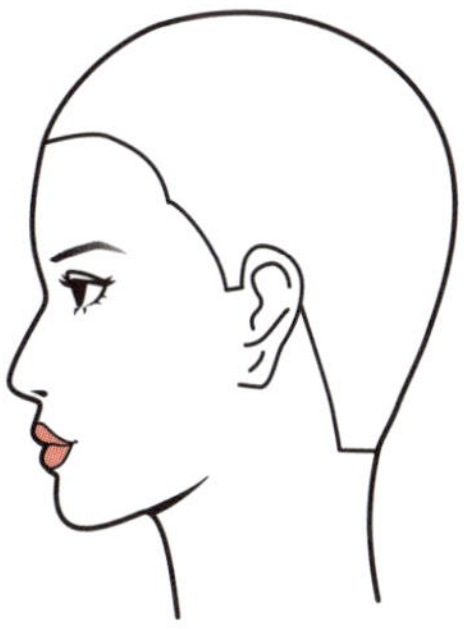

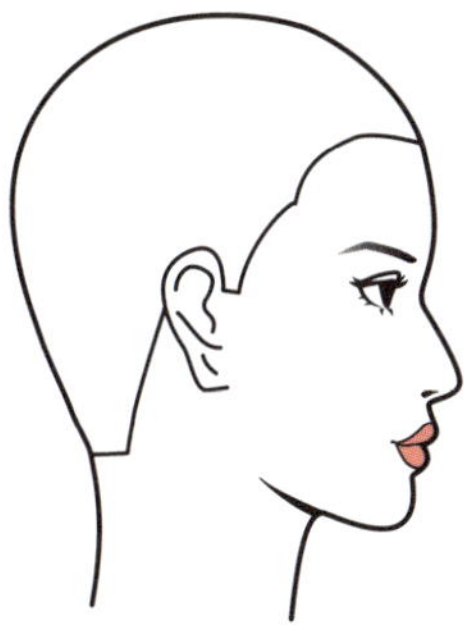

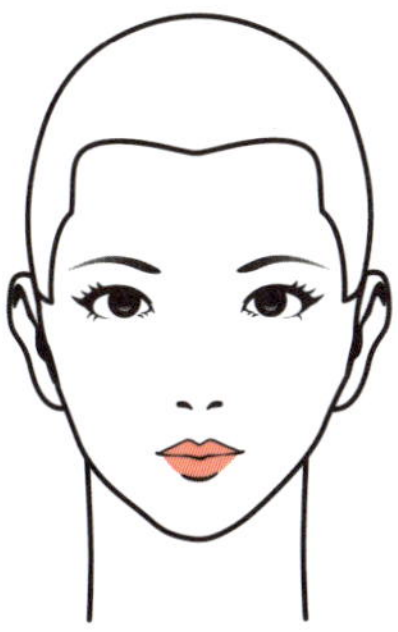

인컬 아이론 드라이

Before	After
사진 앞	사진 앞
사진 우측	사진 우측
사진 뒤	사진 뒤
사진 좌측	사진 좌측

인컬 아이론 드라이 이미지 맵

image map

3) 아웃컬 아이론 드라이(Out-Curl Iron Dry)

아웃컬 아이론 드라이

Front

Left

타월드라이 → 스타일 제품 도포 → 두피 말리기 → 100% 모발 건조 → 아이론 종류와 사이즈 선정 → 아이론 드라이 → 피니싱 제품 도포

테크닉 습득 포인트

-
-
-
-

key point 아웃컬 아이론 드라이

→ 두상의 곡선을 따르되 모질의 형태를 아웃컬로 변화시켜보자.

아웃컬 아이론 드라이 프로세스

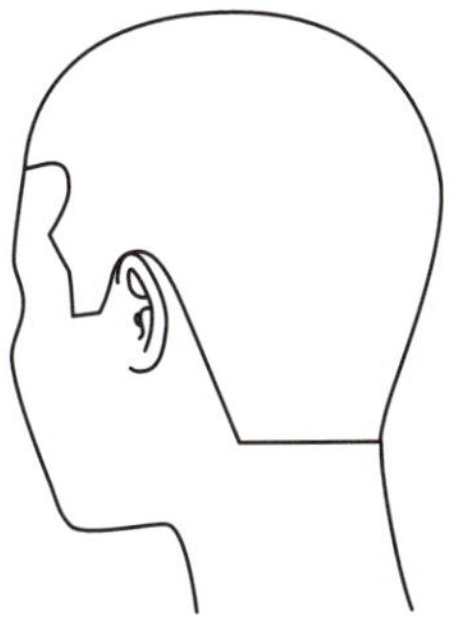

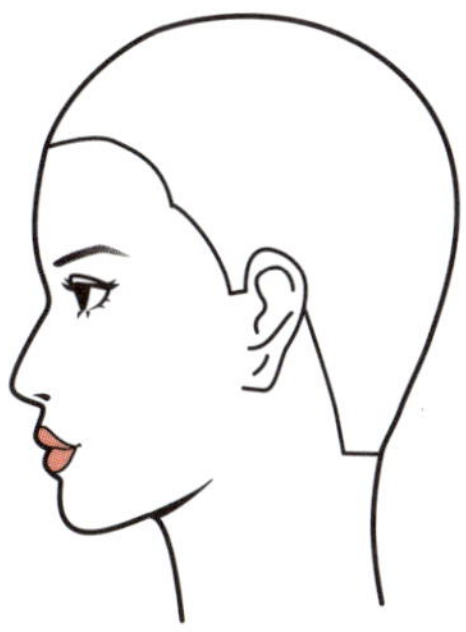

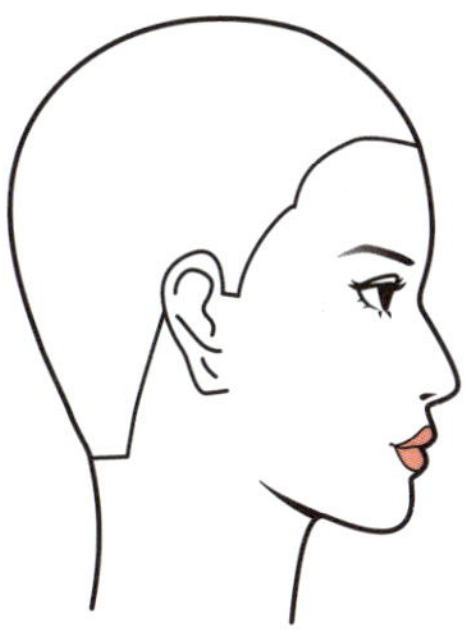

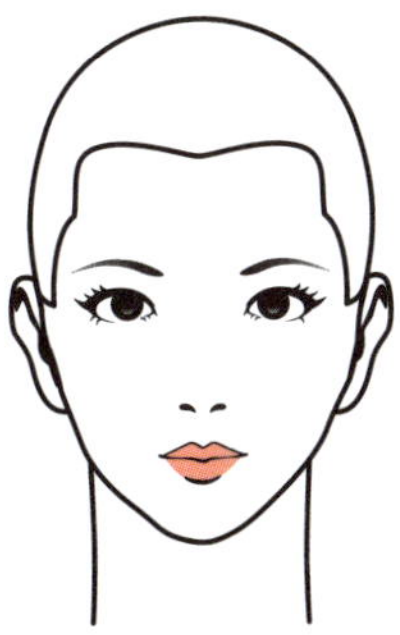

아웃컬 아이론 드라이

Before	After
사진 앞	사진 앞
사진 우측	사진 우측
사진 뒤	사진 뒤
사진 좌측	사진 좌측

아웃컬 아이론 드라이 이미지 맵

image map

4) S컬 : 리버스 아이론 드라이(S-curl : Reverse Iron Dry)

S컬 : 리버스 아이론 드라이

Front

Left

타월드라이 → 스타일 제품 도포 → 두피 말리기 → 100% 모발 건조 → 아이론 종류와 사이즈 선정 → 아이론 드라이 → 피니싱 제품 도포

테크닉 습득 포인트

-
-
-
-

key point 리버스컬 아이론 드라이

→ 두상의 곡선을 따르되 모질의 형태를 리버스컬로 변화시켜보자.

S컬 : 리버스 아이론 드라이 프로세스

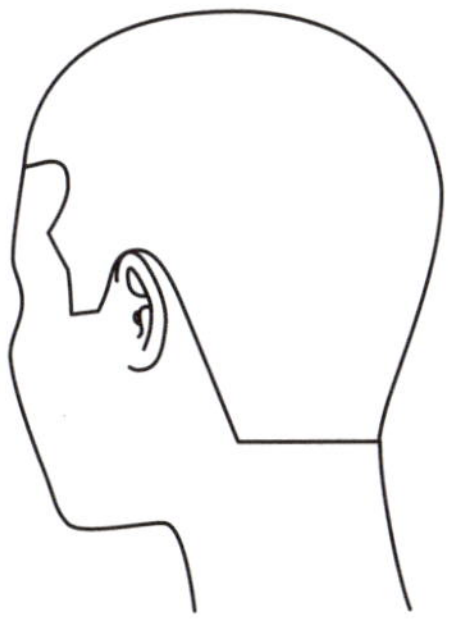

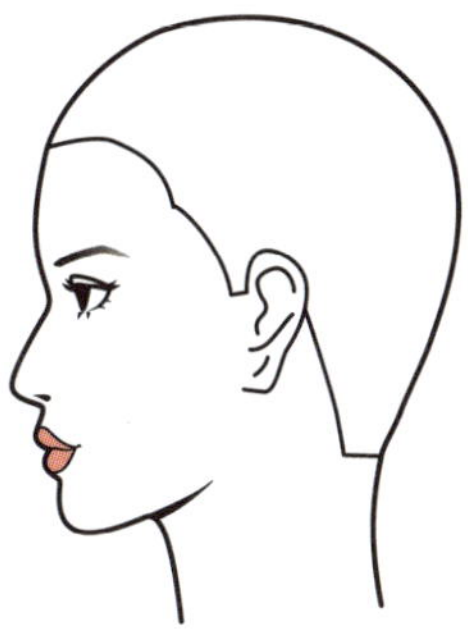

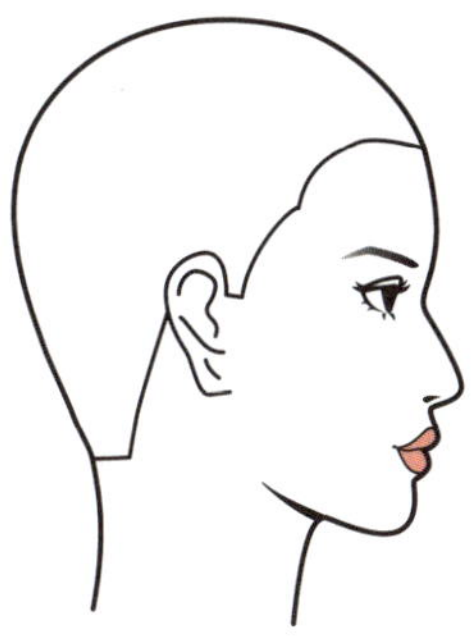

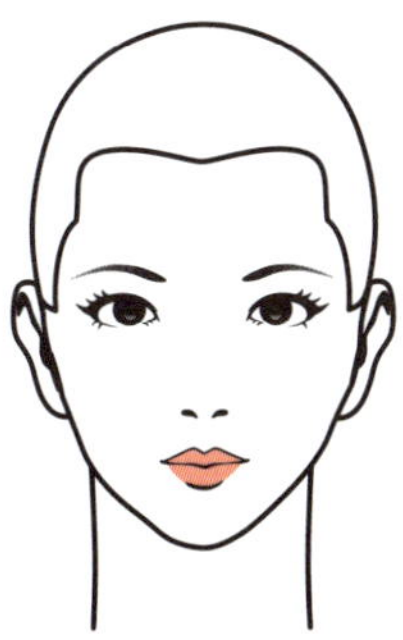

S컬 : 리버스 아이론 드라이

Before	After
사진 앞	사진 앞
사진 우측	사진 우측
사진 뒤	사진 뒤
사진 좌측	사진 좌측

S컬 : 리버스 아이론 드라이 이미지 맵

image map

5) S컬 : 포워드 아이론 드라이(S-curl : Forward Iron Dry)

S컬 : 포워드 아이론 드라이

Front

Left

타월드라이 → 스타일 제품 도포 → 두피 말리기 → 100% 모발 건조 → 아이론 종류와 사이즈 선정 → 아이론 드라이 → 피니싱 제품 도포

테크닉 습득 포인트

-
-
-
-

key point 포워드컬 아이론 드라이

→ 두상의 곡선을 따르되 모질의 형태를 포워드컬로 변화시켜보자.

S컬 : 포워드 아이롱 드라이 프로세스

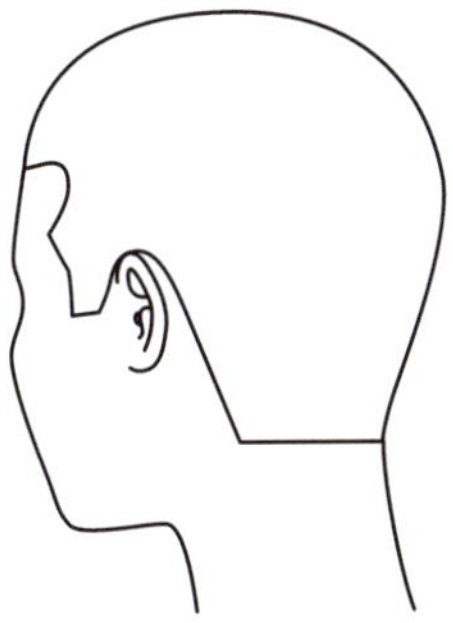

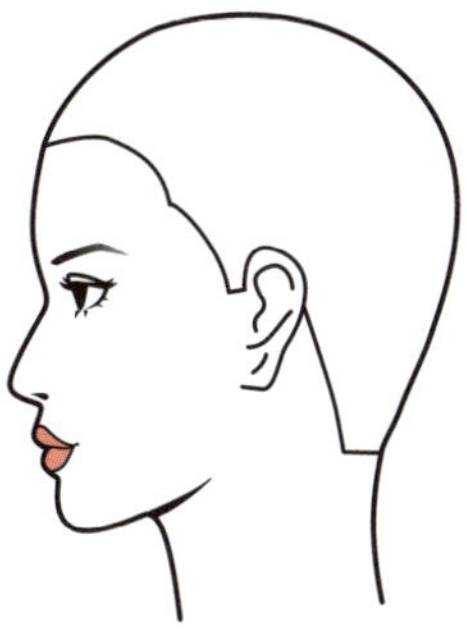

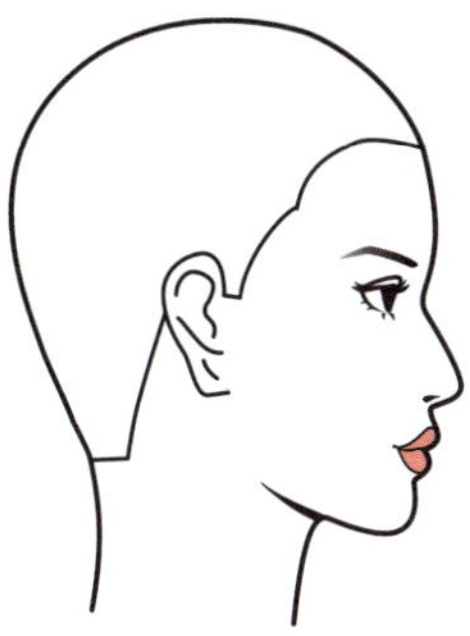

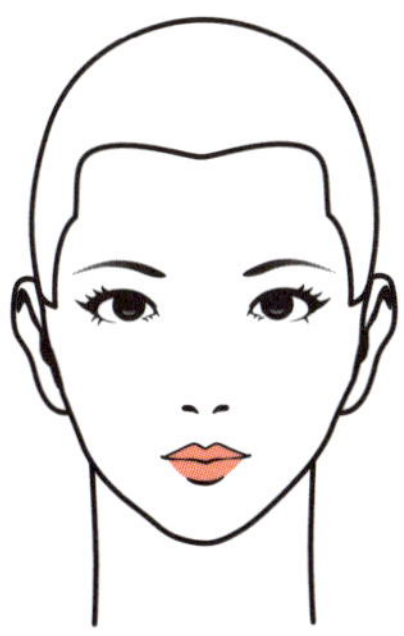

S컬 : 포워드 아이론 드라이

Before	After
사진 앞	사진 앞
사진 우측	사진 우측
사진 뒤	사진 뒤
사진 좌측	사진 좌측

S컬 : 포워드 아이론 드라이 이미지 맵

image map

6) 드라이 연출 :

Front	Left

〈시술절차〉

테크닉 습득 포인트

-
-
-
-

key point

→

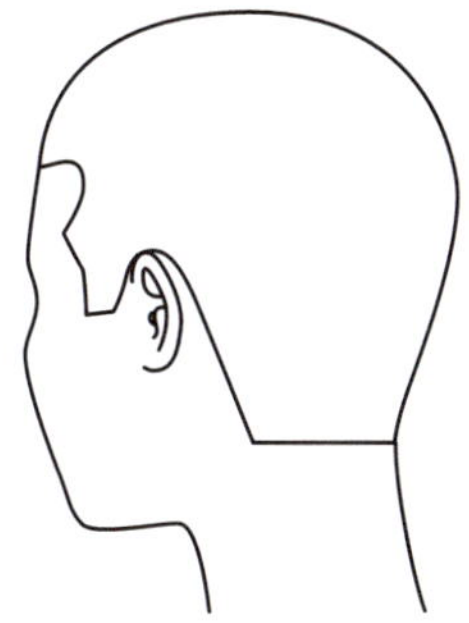

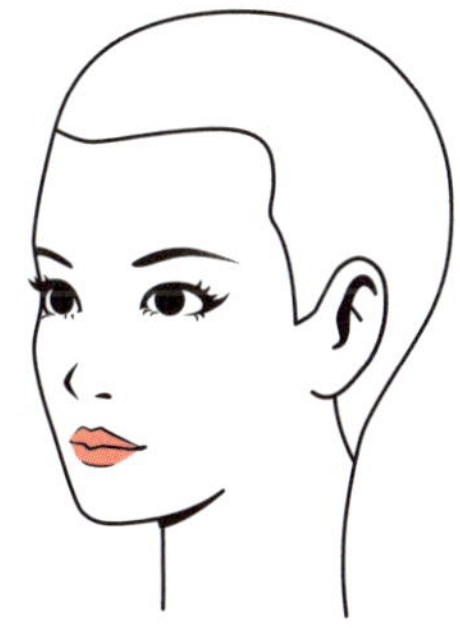

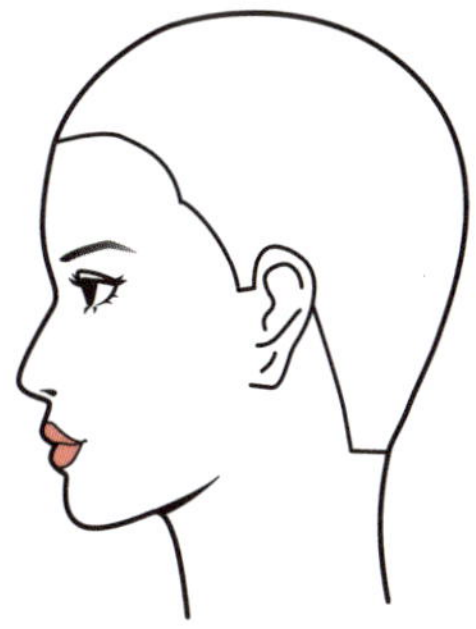

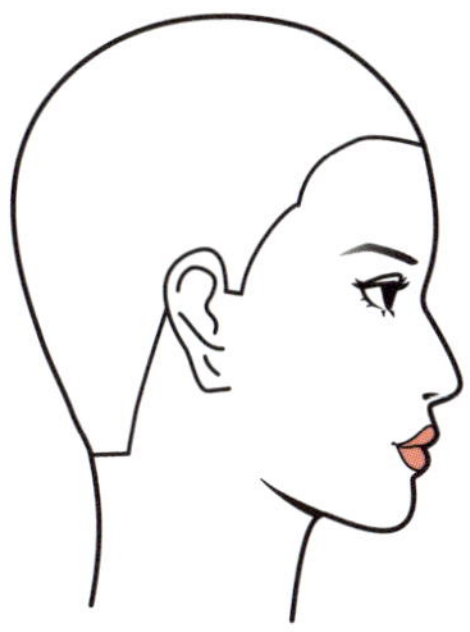

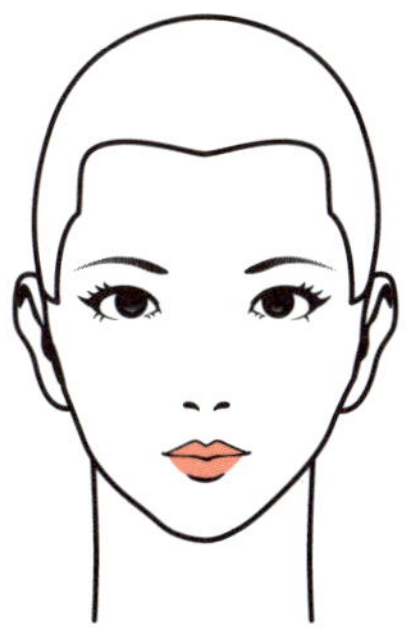

Before	After
사진 앞	사진 앞
사진 우측	사진 우측
사진 뒤	사진 뒤
사진 좌측	사진 좌측

이미지 맵

image map

7) 드라이 연출 :

Front	Left

〈시술절차〉

테크닉 습득 포인트

-
-
-
-

key point

→

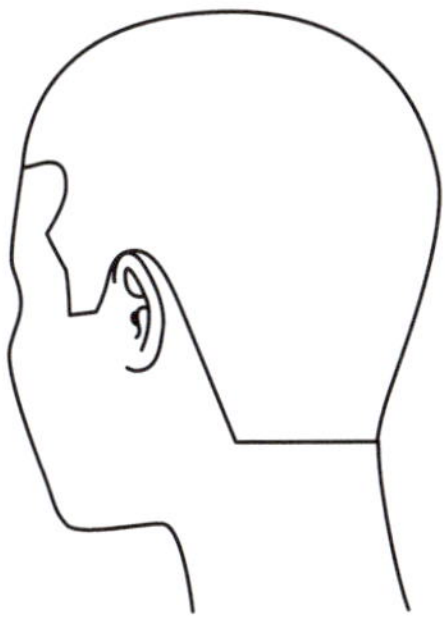

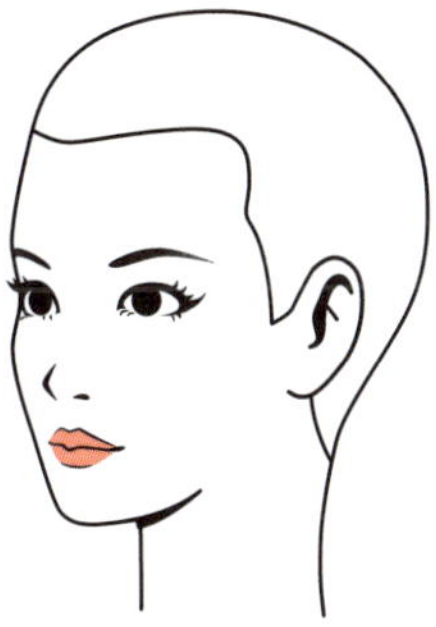

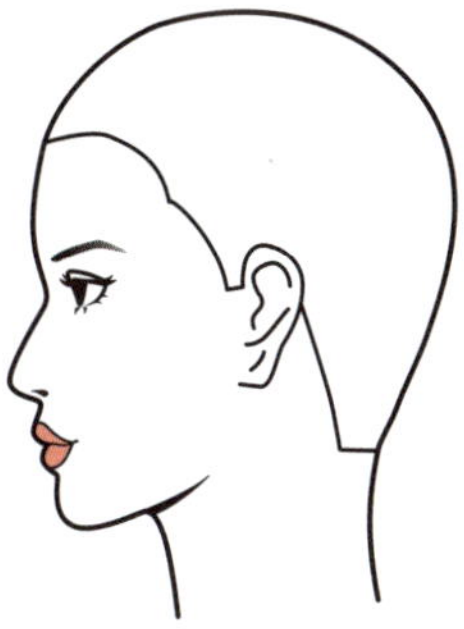

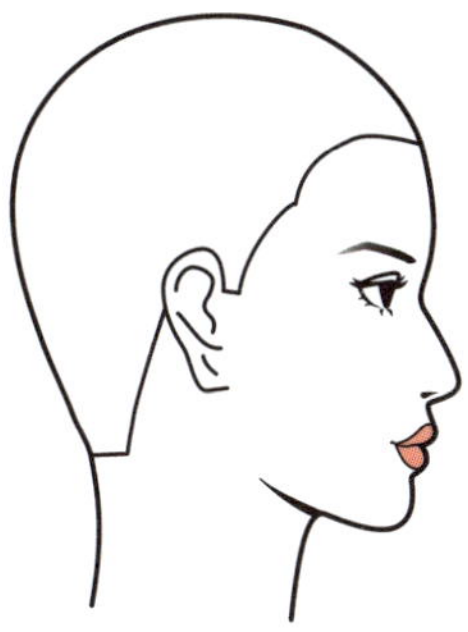

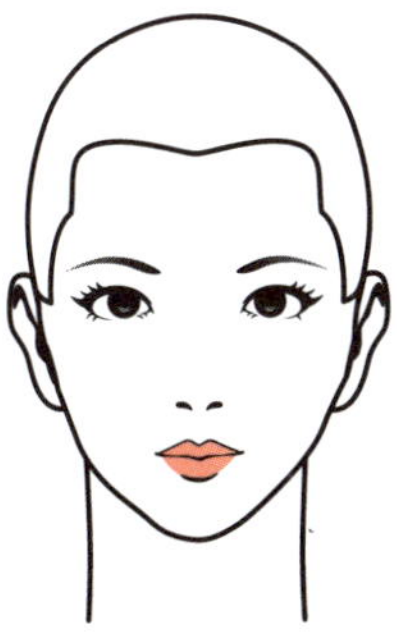

Before	After
사진 앞	사진 앞
사진 우측	사진 우측
사진 뒤	사진 뒤
사진 좌측	사진 좌측

이미지 맵

image map

8) 드라이 연출 :

Front	Left

〈시술절차〉

테크닉 습득 포인트

-
-
-
-

key point

→

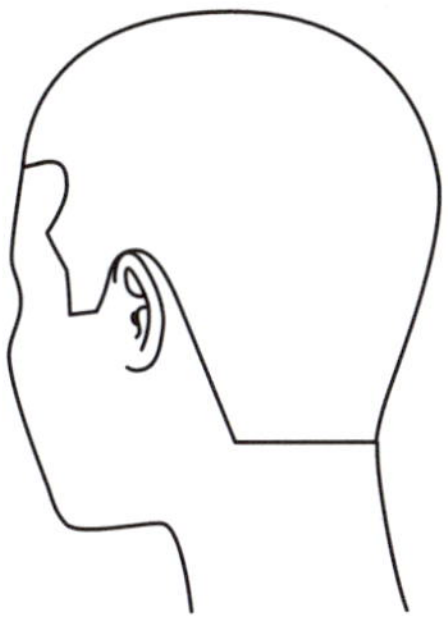

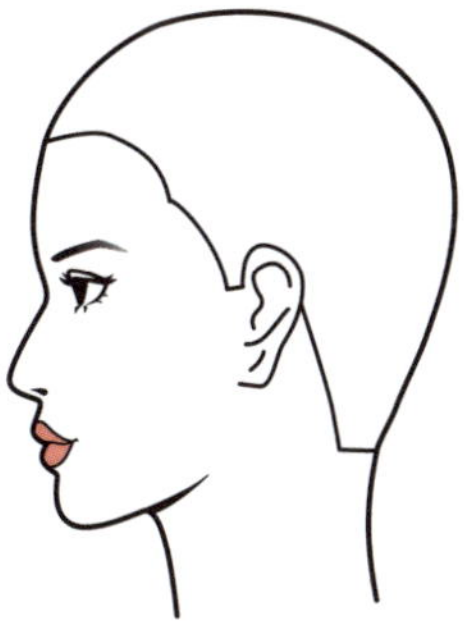

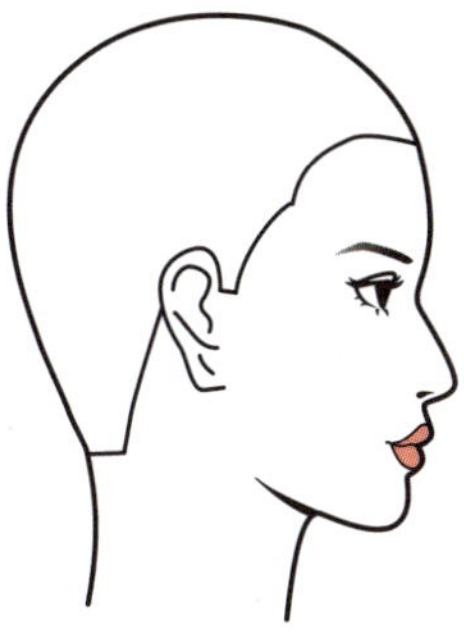

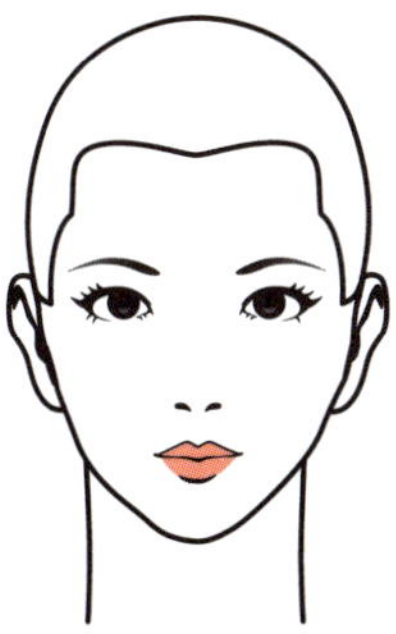

Before	After
사진 앞	사진 앞
사진 우측	사진 우측
사진 뒤	사진 뒤
사진 좌측	사진 좌측

이미지 맵

image map

9) 드라이 연출 :

Front	Left

〈시술절차〉

테크닉 습득 포인트

-
-
-
-

key point

→

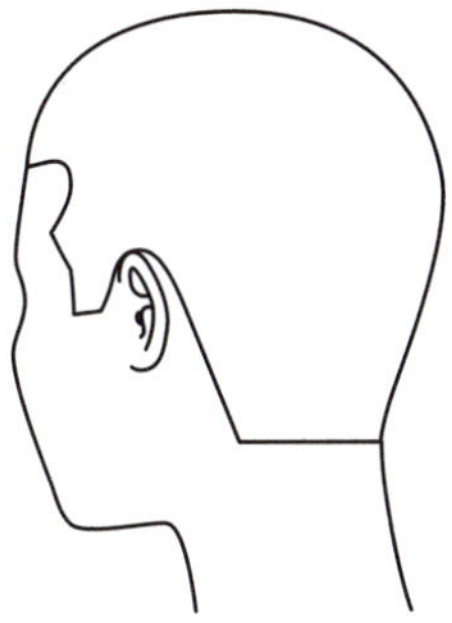

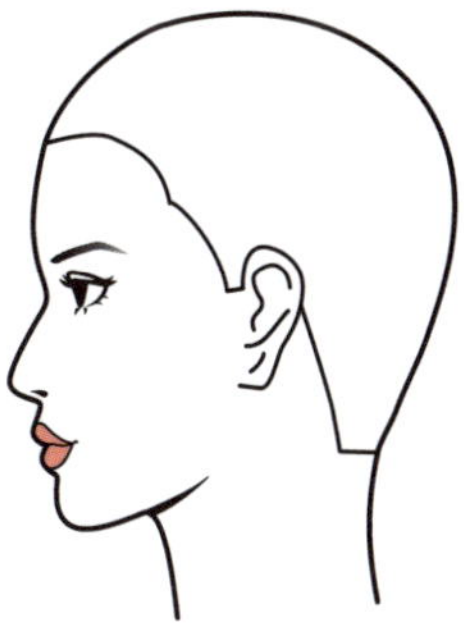

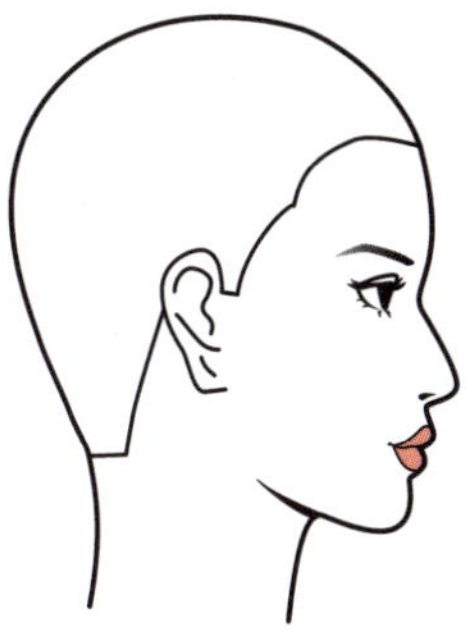

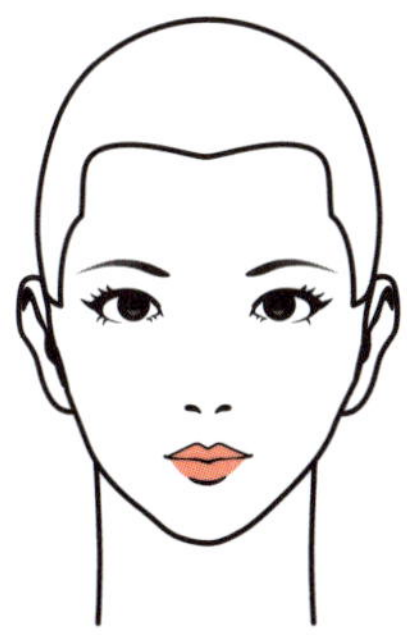

Before	After
사진 앞	사진 앞
사진 우측	사진 우측
사진 뒤	사진 뒤
사진 좌측	사진 좌측

이미지 맵

image map

10) 드라이 연출 :

Front	Left

<시술절차>

테크닉 습득 포인트

•
•
•
•

key point

→

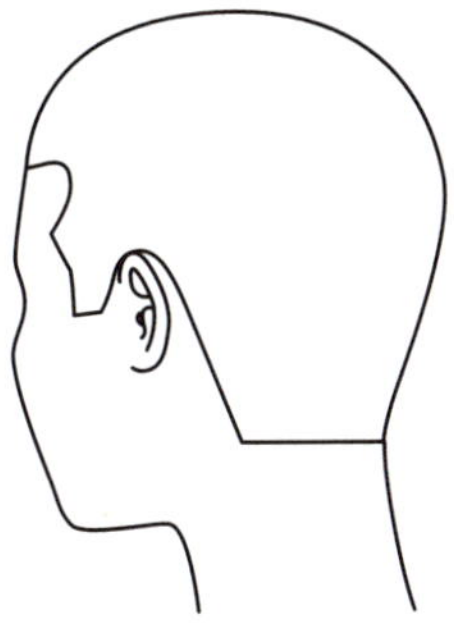

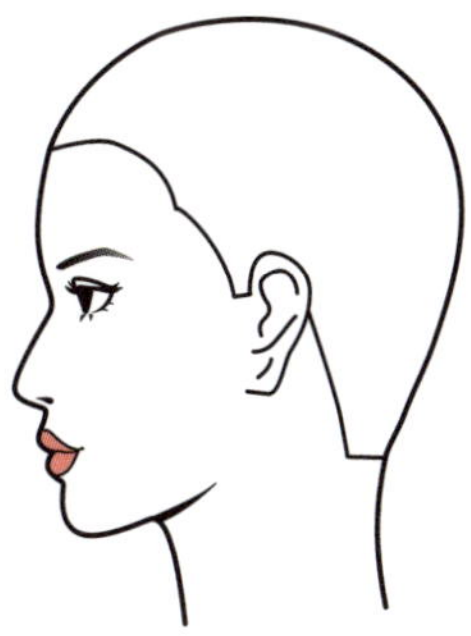

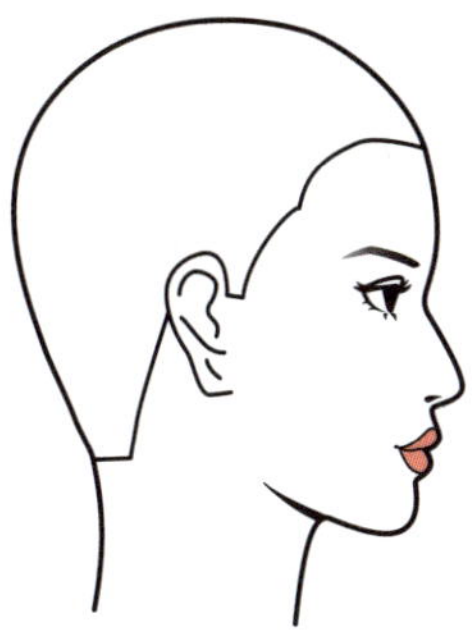

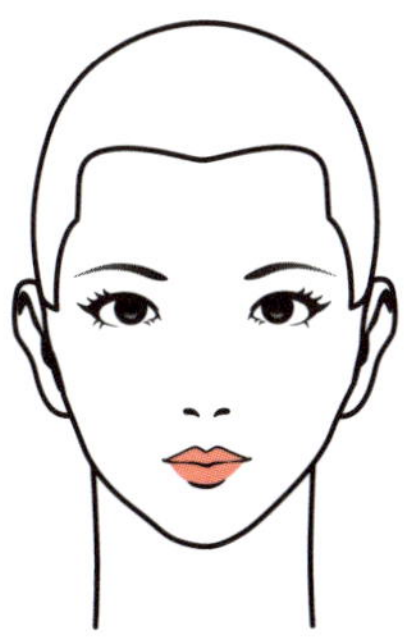

Before	After
사진 앞	사진 앞
사진 우측	사진 우측
사진 뒤	사진 뒤
사진 좌측	사진 좌측

이미지 맵

image map

04

부록

Shampoo&Dry Workbook

두피 및 모발 타입별 샴푸사용 현황조사

<table>
<tr><td rowspan="2">구분</td><td rowspan="2">대상자 (   )</td><td>성별 / 나이</td><td>남 · 여
세</td></tr>
<tr><td>샴푸 시기 및 횟수</td><td>/</td></tr>
<tr><td>두피타입</td><td colspan="3"></td></tr>
<tr><td>모발타입</td><td colspan="3"></td></tr>
<tr><td rowspan="2">현재 사용 중인
샴푸제 및 특징</td><td>제품명 :</td><td>제품사진</td><td>주요성분</td></tr>
<tr><td>특징 :</td><td></td><td></td></tr>
<tr><td rowspan="2">현재 사용 중인
린스제 및 특징</td><td>제품명 :</td><td>제품사진</td><td>주요성분</td></tr>
<tr><td>특징 :</td><td></td><td></td></tr>
<tr><td rowspan="2">현재 사용 중인
트리트먼트제 및 특징</td><td>제품명 :</td><td>제품사진</td><td>주요성분</td></tr>
<tr><td>특징 :</td><td></td><td></td></tr>
</table>

종합의견	

두피 및 모발 타입별 샴푸사용 현황조사

<table>
<tr><td rowspan="2">구분</td><td rowspan="2">대상자 (　　　　　　)</td><td>성별 / 나이</td><td>남 · 여
세</td></tr>
<tr><td>샴푸 시기 및 횟수</td><td>/</td></tr>
<tr><td>두피타입</td><td colspan="3"></td></tr>
<tr><td>모발타입</td><td colspan="3"></td></tr>
<tr><td rowspan="2">현재 사용 중인
샴푸제 및 특징</td><td>제품명 :</td><td>제품사진</td><td>주요성분</td></tr>
<tr><td>특징 :</td><td></td><td></td></tr>
<tr><td rowspan="2">현재 사용 중인
린스제 및 특징</td><td>제품명 :</td><td>제품사진</td><td>주요성분</td></tr>
<tr><td>특징 :</td><td></td><td></td></tr>
<tr><td rowspan="2">현재 사용 중인
트리트먼트제 및 특징</td><td>제품명 :</td><td>제품사진</td><td>주요성분</td></tr>
<tr><td>특징 :</td><td></td><td></td></tr>
</table>

종합의견	

두피 및 모발 타입별 샴푸사용 현황조사

구분	대상자 (　　　　　)	성별 / 나이	남 · 여 세
		샴푸 시기 및 횟수	/
두피타입			
모발타입			
현재 사용 중인 샴푸제 및 특징	제품명 :	제품사진	주요성분
	특징 :		
현재 사용 중인 린스제 및 특징	제품명 :	제품사진	주요성분
	특징 :		
현재 사용 중인 트리트먼트제 및 특징	제품명 :	제품사진	주요성분
	특징 :		

종합의견	

샴푸평가 체크리스트

체크일자 : 년 월 일
시술자 : (학번 :)
평가자 : (학번 :)

학습내용	평가항목	평가	피드백
샴푸준비	고객에게 어깨보(방수보) 착용능력	1 • 2 • 3 • 4 • 5	
	엉킨 모발의 정돈 및 이물질 제거를 위한 사전 브러쉬 능력	1 • 2 • 3 • 4 • 5	
물 도포	물의 수압과 온도 조절 능력	1 • 2 • 3 • 4 • 5	
	물 도포 능력	1 • 2 • 3 • 4 • 5	
거품 생성	거품 생성 능력	1 • 2 • 3 • 4 • 5	
	거품이 고객에게 튀지 않는 능력	1 • 2 • 3 • 4 • 5	
샴푸	모발 당김없이 샴푸하는 능력	1 • 2 • 3 • 4 • 5	
샴푸 매니플레이션	손톱이 아닌 손가락의 지문부분으로 샴푸하는 능력	1 • 2 • 3 • 4 • 5	
	테크닉의 연결동작의 유연성	1 • 2 • 3 • 4 • 5	
헹굼	귀 뒤, 목덜미 등에 샴푸거품이 남지 않도록 하는 능력	1 • 2 • 3 • 4 • 5	
	얼굴이나 목덜미 쪽으로 물이 흐르지 않는 능력	1 • 2 • 3 • 4 • 5	
	헹굼 시 고객에게 청량감을 주는 능력	1 • 2 • 3 • 4 • 5	
린스	린스제가 두피에 닿지 않는 능력	1 • 2 • 3 • 4 • 5	
린스 매니플레이션	적절한 압으로 매니플레이션하는 능력	1 • 2 • 3 • 4 • 5	
	모발이 당겨지지 않도록 하는 능력	1 • 2 • 3 • 4 • 5	
타월드라이	모발이 흘러내리지 않도록 타월을 잘 감싸는 능력	1 • 2 • 3 • 4 • 5	
	타월드라이 시 모발이나 두피에 강한 자극이 가지 않도록 하는 능력	1 • 2 • 3 • 4 • 5	

1. 매우미흡 2. 미흡 3. 보통 4. 우수 5. 매우우수

자가평가

샴푸평가 체크리스트

체크일자 : 년 월 일
시술자 : (학번 :)
평가자 : (학번 :)

학습내용	평가항목	평가	피드백
샴푸준비	고객에게 어깨보(방수보) 착용능력	1 • 2 • 3 • 4 • 5	
	엉킨 모발의 정돈 및 이물질 제거를 위한 사전 브러쉬 능력	1 • 2 • 3 • 4 • 5	
물 도포	물의 수압과 온도 조절 능력	1 • 2 • 3 • 4 • 5	
	물 도포 능력	1 • 2 • 3 • 4 • 5	
거품 생성	거품 생성 능력	1 • 2 • 3 • 4 • 5	
	거품이 고객에게 튀지 않는 능력	1 • 2 • 3 • 4 • 5	
샴푸	모발 당김없이 샴푸하는 능력	1 • 2 • 3 • 4 • 5	
샴푸 매니플레이션	손톱이 아닌 손가락의 지문부분으로 샴푸하는 능력	1 • 2 • 3 • 4 • 5	
	테크닉의 연결동작의 유연성	1 • 2 • 3 • 4 • 5	
헹굼	귀 뒤, 목덜미 등에 샴푸거품이 남지 않도록 하는 능력	1 • 2 • 3 • 4 • 5	
	얼굴이나 목덜미 쪽으로 물이 흐르지 않는 능력	1 • 2 • 3 • 4 • 5	
	헹굼 시 고객에게 청량감을 주는 능력	1 • 2 • 3 • 4 • 5	
린스	린스제가 두피에 닿지 않는 능력	1 • 2 • 3 • 4 • 5	
린스 매니플레이션	적절한 압으로 매니플레이션하는 능력	1 • 2 • 3 • 4 • 5	
	모발이 당겨지지 않도록 하는 능력	1 • 2 • 3 • 4 • 5	
타월드라이	모발이 흘러내리지 않도록 타월을 잘 감싸는 능력	1 • 2 • 3 • 4 • 5	
	타월드라이 시 모발이나 두피에 강한 자극이 가지 않도록 하는 능력	1 • 2 • 3 • 4 • 5	

1. 매우미흡 2. 미흡 3. 보통 4. 우수 5. 매우우수

자가평가

샴푸평가 체크리스트

체크일자 : 년 월 일

시술자 : (학번 :)

평가자 : (학번 :)

학습내용	평가항목	평가	피드백
샴푸준비	고객에게 어깨보(방수보) 착용능력	1 • 2 • 3 • 4 • 5	
	엉킨 모발의 정돈 및 이물질 제거를 위한 사전 브러쉬 능력	1 • 2 • 3 • 4 • 5	
물 도포	물의 수압과 온도 조절 능력	1 • 2 • 3 • 4 • 5	
	물 도포 능력	1 • 2 • 3 • 4 • 5	
거품 생성	거품 생성 능력	1 • 2 • 3 • 4 • 5	
	거품이 고객에게 튀지 않는 능력	1 • 2 • 3 • 4 • 5	
샴푸	모발 당김없이 샴푸하는 능력	1 • 2 • 3 • 4 • 5	
샴푸 매니플레이션	손톱이 아닌 손가락의 지문부분으로 샴푸하는 능력	1 • 2 • 3 • 4 • 5	
	테크닉의 연결동작의 유연성	1 • 2 • 3 • 4 • 5	
헹굼	귀 뒤, 목덜미 등에 샴푸거품이 남지 않도록 하는 능력	1 • 2 • 3 • 4 • 5	
	얼굴이나 목덜미 쪽으로 물이 흐르지 않는 능력	1 • 2 • 3 • 4 • 5	
	헹굼 시 고객에게 청량감을 주는 능력	1 • 2 • 3 • 4 • 5	
린스	린스제가 두피에 닿지 않는 능력	1 • 2 • 3 • 4 • 5	
린스 매니플레이션	적절한 압으로 매니플레이션하는 능력	1 • 2 • 3 • 4 • 5	
	모발이 당겨지지 않도록 하는 능력	1 • 2 • 3 • 4 • 5	
타월드라이	모발이 흘러내리지 않도록 타월을 잘 감싸는 능력	1 • 2 • 3 • 4 • 5	
	타월드라이 시 모발이나 두피에 강한 자극이 가지 않도록 하는 능력	1 • 2 • 3 • 4 • 5	

1. 매우미흡 2. 미흡 3. 보통 4. 우수 5. 매우우수

자가평가

샴푸평가 체크리스트

체크일자 : 년 월 일
시술자 : (학번 :)
평가자 : (학번 :)

학습내용	평가항목	평가	피드백
샴푸준비	고객에게 어깨보(방수보) 착용능력	1 • 2 • 3 • 4 • 5	
	엉킨 모발의 정돈 및 이물질 제거를 위한 사전 브러쉬 능력	1 • 2 • 3 • 4 • 5	
물 도포	물의 수압과 온도 조절 능력	1 • 2 • 3 • 4 • 5	
	물 도포 능력	1 • 2 • 3 • 4 • 5	
거품 생성	거품 생성 능력	1 • 2 • 3 • 4 • 5	
	거품이 고객에게 튀지 않는 능력	1 • 2 • 3 • 4 • 5	
샴푸	모발 당김없이 샴푸하는 능력	1 • 2 • 3 • 4 • 5	
샴푸 매니플레이션	손톱이 아닌 손가락의 지문부분으로 샴푸하는 능력	1 • 2 • 3 • 4 • 5	
	테크닉의 연결동작의 유연성	1 • 2 • 3 • 4 • 5	
헹굼	귀 뒤, 목덜미 등에 샴푸거품이 남지 않도록 하는 능력	1 • 2 • 3 • 4 • 5	
	얼굴이나 목덜미 쪽으로 물이 흐르지 않는 능력	1 • 2 • 3 • 4 • 5	
	헹굼 시 고객에게 청량감을 주는 능력	1 • 2 • 3 • 4 • 5	
린스	린스제가 두피에 닿지 않는 능력	1 • 2 • 3 • 4 • 5	
린스 매니플레이션	적절한 압으로 매니플레이션하는 능력	1 • 2 • 3 • 4 • 5	
	모발이 당겨지지 않도록 하는 능력	1 • 2 • 3 • 4 • 5	
타월드라이	모발이 흘러내리지 않도록 타월을 잘 감싸는 능력	1 • 2 • 3 • 4 • 5	
	타월드라이 시 모발이나 두피에 강한 자극이 가지 않도록 하는 능력	1 • 2 • 3 • 4 • 5	

1. 매우미흡 2. 미흡 3. 보통 4. 우수 5. 매우우수

자가평가

샴푸평가 체크리스트

체크일자 : 년 월 일
시술자 : (학번 :)
평가자 : (학번 :)

학습내용	평가항목	평가	피드백
샴푸준비	고객에게 어깨보(방수보) 착용능력	1 • 2 • 3 • 4 • 5	
	엉킨 모발의 정돈 및 이물질 제거를 위한 사전 브러쉬 능력	1 • 2 • 3 • 4 • 5	
물 도포	물의 수압과 온도 조절 능력	1 • 2 • 3 • 4 • 5	
	물 도포 능력	1 • 2 • 3 • 4 • 5	
거품 생성	거품 생성 능력	1 • 2 • 3 • 4 • 5	
	거품이 고객에게 튀지 않는 능력	1 • 2 • 3 • 4 • 5	
샴푸	모발 당김없이 샴푸하는 능력	1 • 2 • 3 • 4 • 5	
샴푸 매니플레이션	손톱이 아닌 손가락의 지문부분으로 샴푸하는 능력	1 • 2 • 3 • 4 • 5	
	테크닉의 연결동작의 유연성	1 • 2 • 3 • 4 • 5	
헹굼	귀 뒤, 목덜미 등에 샴푸거품이 남지 않도록 하는 능력	1 • 2 • 3 • 4 • 5	
	얼굴이나 목덜미 쪽으로 물이 흐르지 않는 능력	1 • 2 • 3 • 4 • 5	
	헹굼 시 고객에게 청량감을 주는 능력	1 • 2 • 3 • 4 • 5	
린스	린스제가 두피에 닿지 않는 능력	1 • 2 • 3 • 4 • 5	
린스 매니플레이션	적절한 압으로 매니플레이션하는 능력	1 • 2 • 3 • 4 • 5	
	모발이 당겨지지 않도록 하는 능력	1 • 2 • 3 • 4 • 5	
타월드라이	모발이 흘러내리지 않도록 타월을 잘 감싸는 능력	1 • 2 • 3 • 4 • 5	
	타월드라이 시 모발이나 두피에 강한 자극이 가지 않도록 하는 능력	1 • 2 • 3 • 4 • 5	

1. 매우미흡 2. 미흡 3. 보통 4. 우수 5. 매우우수

자가평가

샴푸평가 체크리스트

체크일자 : 년 월 일
시술자 : (학번 :)
평가자 : (학번 :)

학습내용	평가항목	평가	피드백
샴푸준비	고객에게 어깨보(방수보) 착용능력	1 • 2 • 3 • 4 • 5	
	엉킨 모발의 정돈 및 이물질 제거를 위한 사전 브러쉬 능력	1 • 2 • 3 • 4 • 5	
물 도포	물의 수압과 온도 조절 능력	1 • 2 • 3 • 4 • 5	
	물 도포 능력	1 • 2 • 3 • 4 • 5	
거품 생성	거품 생성 능력	1 • 2 • 3 • 4 • 5	
	거품이 고객에게 튀지 않는 능력	1 • 2 • 3 • 4 • 5	
샴푸	모발 당김없이 샴푸하는 능력	1 • 2 • 3 • 4 • 5	
샴푸 매니플레이션	손톱이 아닌 손가락의 지문부분으로 샴푸하는 능력	1 • 2 • 3 • 4 • 5	
	테크닉의 연결동작의 유연성	1 • 2 • 3 • 4 • 5	
헹굼	귀 뒤, 목덜미 등에 샴푸거품이 남지 않도록 하는 능력	1 • 2 • 3 • 4 • 5	
	얼굴이나 목덜미 쪽으로 물이 흐르지 않는 능력	1 • 2 • 3 • 4 • 5	
	헹굼 시 고객에게 청량감을 주는 능력	1 • 2 • 3 • 4 • 5	
린스	린스제가 두피에 닿지 않는 능력	1 • 2 • 3 • 4 • 5	
린스 매니플레이션	적절한 압으로 매니플레이션하는 능력	1 • 2 • 3 • 4 • 5	
	모발이 당겨지지 않도록 하는 능력	1 • 2 • 3 • 4 • 5	
타월드라이	모발이 흘러내리지 않도록 타월을 잘 감싸는 능력	1 • 2 • 3 • 4 • 5	
	타월드라이 시 모발이나 두피에 강한 자극이 가지 않도록 하는 능력	1 • 2 • 3 • 4 • 5	

1. 매우미흡 2. 미흡 3. 보통 4. 우수 5. 매우우수

자가평가

샴푸평가 체크리스트

체크일자 : 년 월 일
시술자 : (학번 :)
평가자 : (학번 :)

학습내용	평가항목	평가	피드백
샴푸준비	고객에게 어깨보(방수보) 착용능력	1 · 2 · 3 · 4 · 5	
	엉킨 모발의 정돈 및 이물질 제거를 위한 사전 브러쉬 능력	1 · 2 · 3 · 4 · 5	
물 도포	물의 수압과 온도 조절 능력	1 · 2 · 3 · 4 · 5	
	물 도포 능력	1 · 2 · 3 · 4 · 5	
거품 생성	거품 생성 능력	1 · 2 · 3 · 4 · 5	
	거품이 고객에게 튀지 않는 능력	1 · 2 · 3 · 4 · 5	
샴푸	모발 당김없이 샴푸하는 능력	1 · 2 · 3 · 4 · 5	
샴푸 매니플레이션	손톱이 아닌 손가락의 지문부분으로 샴푸하는 능력	1 · 2 · 3 · 4 · 5	
	테크닉의 연결동작의 유연성	1 · 2 · 3 · 4 · 5	
헹굼	귀 뒤, 목덜미 등에 샴푸거품이 남지 않도록 하는 능력	1 · 2 · 3 · 4 · 5	
	얼굴이나 목덜미 쪽으로 물이 흐르지 않는 능력	1 · 2 · 3 · 4 · 5	
	헹굼 시 고객에게 청량감을 주는 능력	1 · 2 · 3 · 4 · 5	
린스	린스제가 두피에 닿지 않는 능력	1 · 2 · 3 · 4 · 5	
린스 매니플레이션	적절한 압으로 매니플레이션하는 능력	1 · 2 · 3 · 4 · 5	
	모발이 당겨지지 않도록 하는 능력	1 · 2 · 3 · 4 · 5	
타월드라이	모발이 흘러내리지 않도록 타월을 잘 감싸는 능력	1 · 2 · 3 · 4 · 5	
	타월드라이 시 모발이나 두피에 강한 자극이 가지 않도록 하는 능력	1 · 2 · 3 · 4 · 5	

1. 매우미흡 2. 미흡 3. 보통 4. 우수 5. 매우우수

자가평가

샴푸평가 체크리스트

체크일자 : 년 월 일
시술자 : (학번 :)
평가자 : (학번 :)

학습내용	평가항목	평가	피드백
샴푸준비	고객에게 어깨보(방수보) 착용능력	1・2・3・4・5	
	엉킨 모발의 정돈 및 이물질 제거를 위한 사전 브러쉬 능력	1・2・3・4・5	
물 도포	물의 수압과 온도 조절 능력	1・2・3・4・5	
	물 도포 능력	1・2・3・4・5	
거품 생성	거품 생성 능력	1・2・3・4・5	
	거품이 고객에게 튀지 않는 능력	1・2・3・4・5	
샴푸	모발 당김없이 샴푸하는 능력	1・2・3・4・5	
샴푸 매니플레이션	손톱이 아닌 손가락의 지문부분으로 샴푸하는 능력	1・2・3・4・5	
	테크닉의 연결동작의 유연성	1・2・3・4・5	
헹굼	귀 뒤, 목덜미 등에 샴푸거품이 남지 않도록 하는 능력	1・2・3・4・5	
	얼굴이나 목덜미 쪽으로 물이 흐르지 않는 능력	1・2・3・4・5	
	헹굼 시 고객에게 청량감을 주는 능력	1・2・3・4・5	
린스	린스제가 두피에 닿지 않는 능력	1・2・3・4・5	
린스 매니플레이션	적절한 압으로 매니플레이션하는 능력	1・2・3・4・5	
	모발이 당겨지지 않도록 하는 능력	1・2・3・4・5	
타월드라이	모발이 흘러내리지 않도록 타월을 잘 감싸는 능력	1・2・3・4・5	
	타월드라이 시 모발이나 두피에 강한 자극이 가지 않도록 하는 능력	1・2・3・4・5	

1. 매우미흡 2. 미흡 3. 보통 4. 우수 5. 매우우수

자가평가

샴푸평가 체크리스트

체크일자 : 년 월 일
시술자 : (학번 :)
평가자 : (학번 :)

학습내용	평가항목	평가	피드백
샴푸준비	고객에게 어깨보(방수보) 착용능력	1 • 2 • 3 • 4 • 5	
	엉킨 모발의 정돈 및 이물질 제거를 위한 사전 브러쉬 능력	1 • 2 • 3 • 4 • 5	
물 도포	물의 수압과 온도 조절 능력	1 • 2 • 3 • 4 • 5	
	물 도포 능력	1 • 2 • 3 • 4 • 5	
거품 생성	거품 생성 능력	1 • 2 • 3 • 4 • 5	
	거품이 고객에게 튀지 않는 능력	1 • 2 • 3 • 4 • 5	
샴푸	모발 당김없이 샴푸하는 능력	1 • 2 • 3 • 4 • 5	
샴푸 매니플레이션	손톱이 아닌 손가락의 지문부분으로 샴푸하는 능력	1 • 2 • 3 • 4 • 5	
	테크닉의 연결동작의 유연성	1 • 2 • 3 • 4 • 5	
헹굼	귀 뒤, 목덜미 등에 샴푸거품이 남지 않도록 하는 능력	1 • 2 • 3 • 4 • 5	
	얼굴이나 목덜미 쪽으로 물이 흐르지 않는 능력	1 • 2 • 3 • 4 • 5	
	헹굼 시 고객에게 청량감을 주는 능력	1 • 2 • 3 • 4 • 5	
린스	린스제가 두피에 닿지 않는 능력	1 • 2 • 3 • 4 • 5	
린스 매니플레이션	적절한 압으로 매니플레이션하는 능력	1 • 2 • 3 • 4 • 5	
	모발이 당겨지지 않도록 하는 능력	1 • 2 • 3 • 4 • 5	
타월드라이	모발이 흘러내리지 않도록 타월을 잘 감싸는 능력	1 • 2 • 3 • 4 • 5	
	타월드라이 시 모발이나 두피에 강한 자극이 가지 않도록 하는 능력	1 • 2 • 3 • 4 • 5	

1. 매우미흡 2. 미흡 3. 보통 4. 우수 5. 매우우수

자가평가

샴푸평가 체크리스트

체크일자 : 년 월 일
시술자 : (학번 :)
평가자 : (학번 :)

학습내용	평가항목	평가	피드백
샴푸준비	고객에게 어깨보(방수보) 착용능력	1 • 2 • 3 • 4 • 5	
	엉킨 모발의 정돈 및 이물질 제거를 위한 사전 브러쉬 능력	1 • 2 • 3 • 4 • 5	
물 도포	물의 수압과 온도 조절 능력	1 • 2 • 3 • 4 • 5	
	물 도포 능력	1 • 2 • 3 • 4 • 5	
거품 생성	거품 생성 능력	1 • 2 • 3 • 4 • 5	
	거품이 고객에게 튀지 않는 능력	1 • 2 • 3 • 4 • 5	
샴푸	모발 당김없이 샴푸하는 능력	1 • 2 • 3 • 4 • 5	
샴푸 매니플레이션	손톱이 아닌 손가락의 지문부분으로 샴푸하는 능력	1 • 2 • 3 • 4 • 5	
	테크닉의 연결동작의 유연성	1 • 2 • 3 • 4 • 5	
헹굼	귀 뒤, 목덜미 등에 샴푸거품이 남지 않도록 하는 능력	1 • 2 • 3 • 4 • 5	
	얼굴이나 목덜미 쪽으로 물이 흐르지 않는 능력	1 • 2 • 3 • 4 • 5	
	헹굼 시 고객에게 청량감을 주는 능력	1 • 2 • 3 • 4 • 5	
린스	린스제가 두피에 닿지 않는 능력	1 • 2 • 3 • 4 • 5	
린스 매니플레이션	적절한 압으로 매니플레이션하는 능력	1 • 2 • 3 • 4 • 5	
	모발이 당겨지지 않도록 하는 능력	1 • 2 • 3 • 4 • 5	
타월드라이	모발이 흘러내리지 않도록 타월을 잘 감싸는 능력	1 • 2 • 3 • 4 • 5	
	타월드라이 시 모발이나 두피에 강한 자극이 가지 않도록 하는 능력	1 • 2 • 3 • 4 • 5	

1. 매우미흡 2. 미흡 3. 보통 4. 우수 5. 매우우수

자가평가

드라이 연출 :

Front	Left

〈시술일자〉

테크닉 습득 포인트

-
-
-
-

key point

→

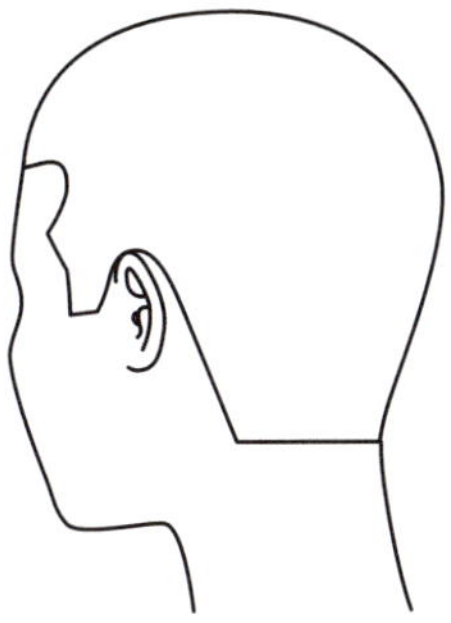

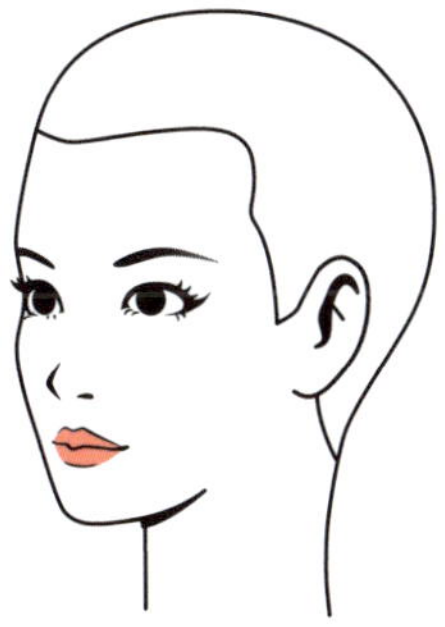

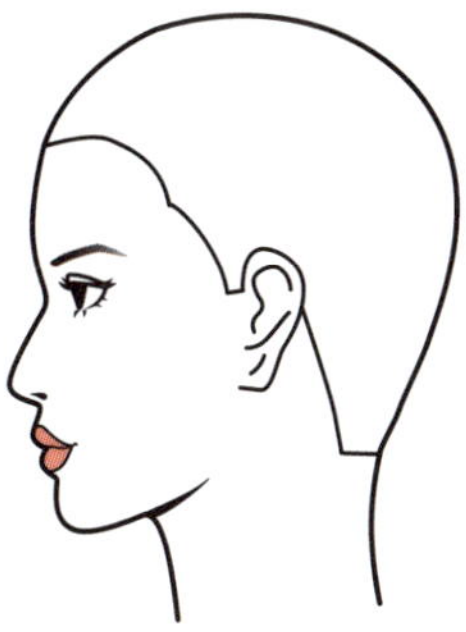

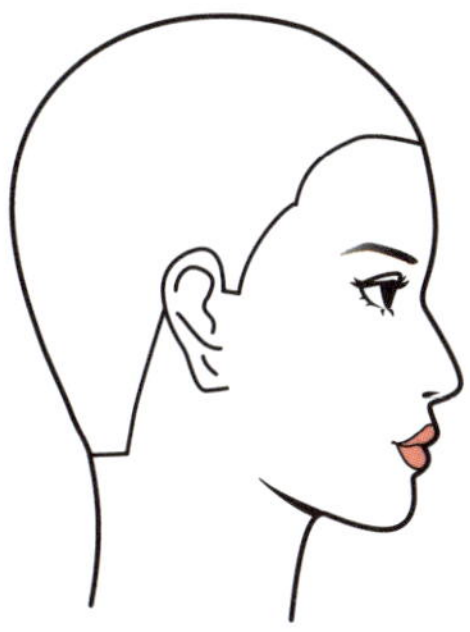

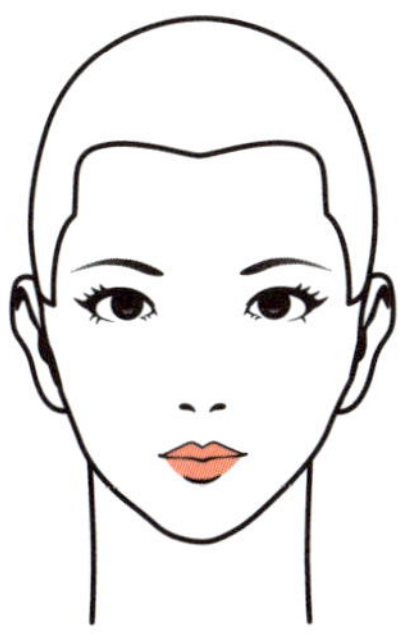

Before	After
사진 앞	사진 앞
사진 우측	사진 우측
사진 뒤	사진 뒤
사진 좌측	사진 좌측

이미지 맵

image map

드라이 연출 :

Front	Left

〈시술절차〉

테크닉 습득 포인트

-
-
-
-

key point

→

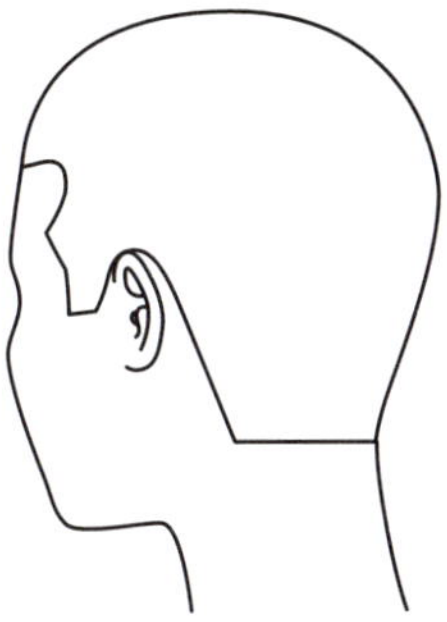

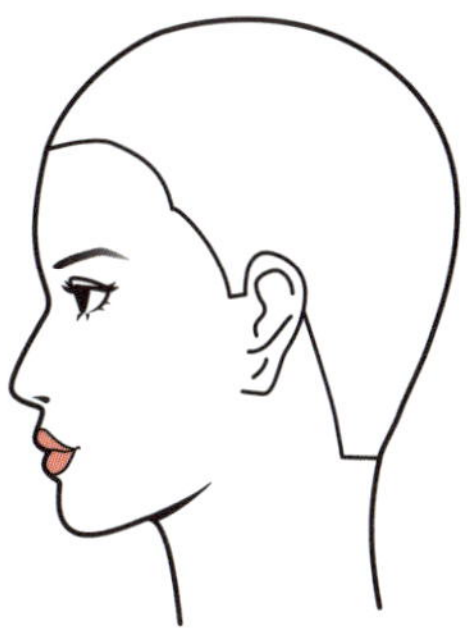

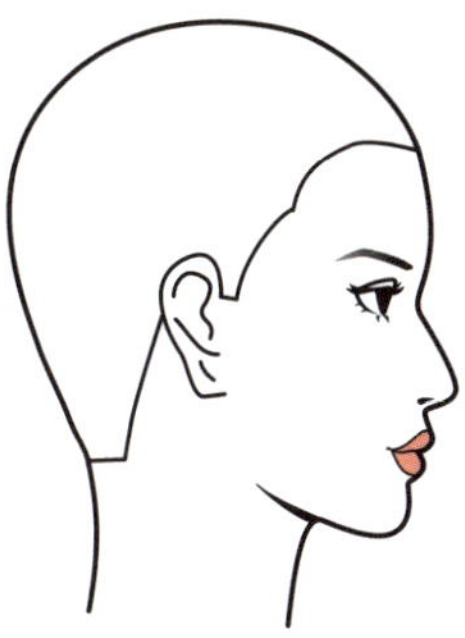

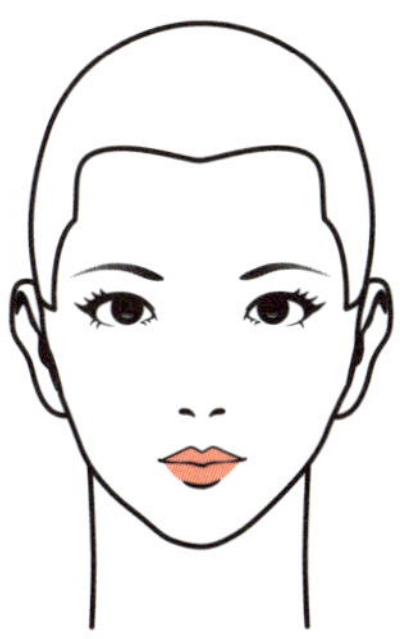

Before	After
사진 앞	사진 앞
사진 우측	사진 우측
사진 뒤	사진 뒤
사진 좌측	사진 좌측

이미지 맵

image map

드라이 연출 :

Front	Left

〈시술절차〉

테크닉 습득 포인트

-
-
-
-

key point

→

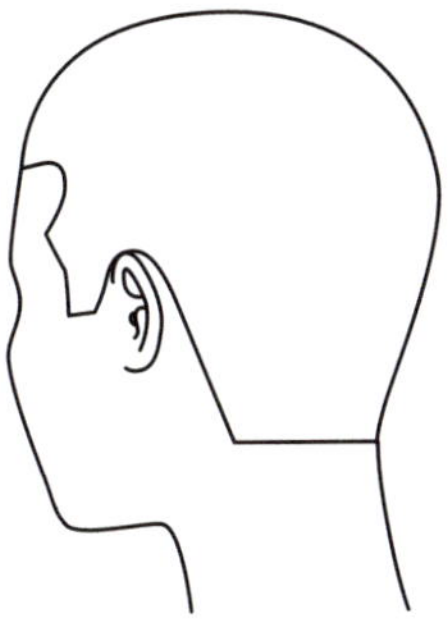

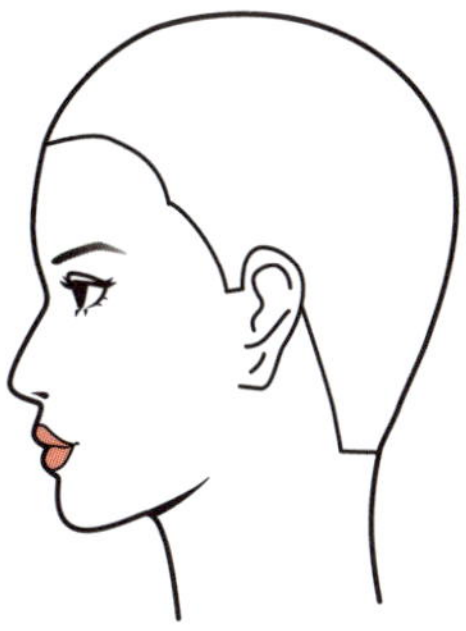

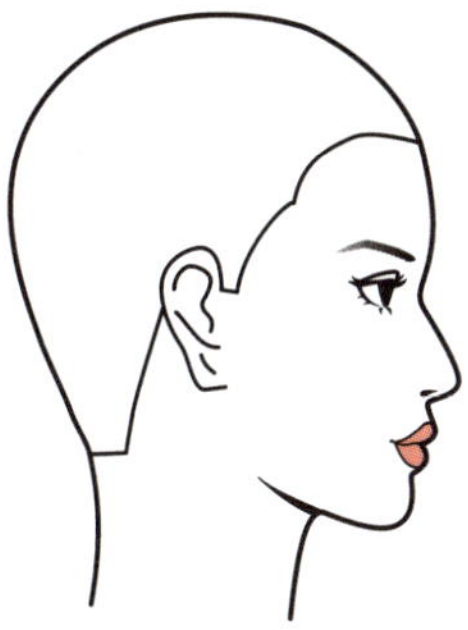

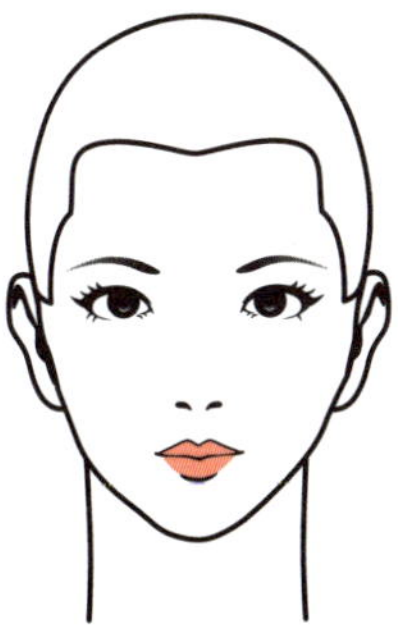

Before	After
사진 앞	사진 앞
사진 우측	사진 우측
사진 뒤	사진 뒤
사진 좌측	사진 좌측

이미지 맵

image map

드라이 연출 :

Front	Left

〈시술절차〉

테크닉 습득 포인트

-
-
-
-

key point

→

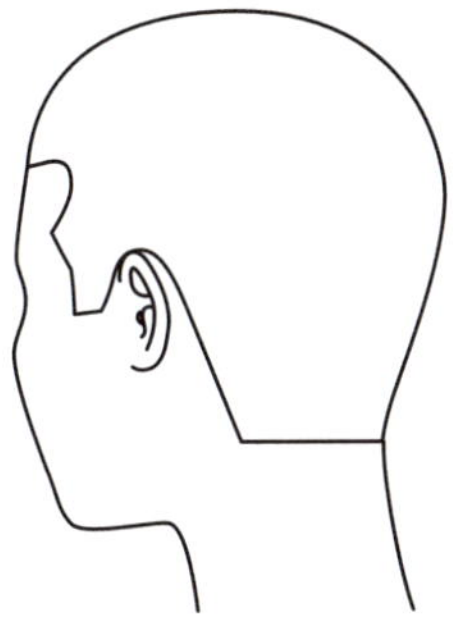

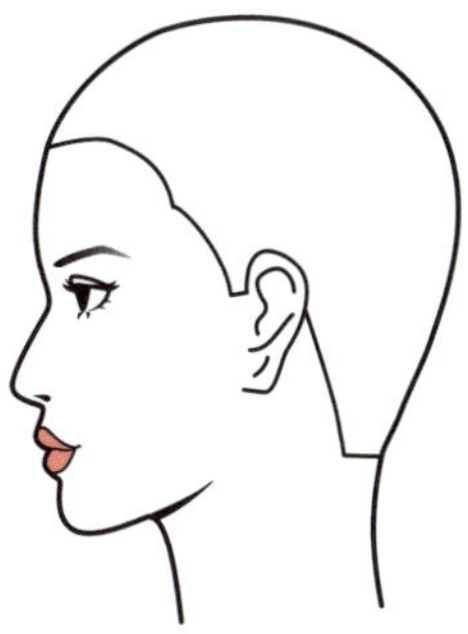

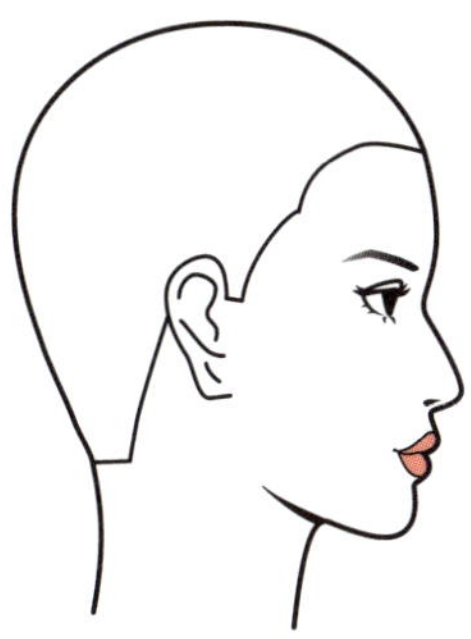

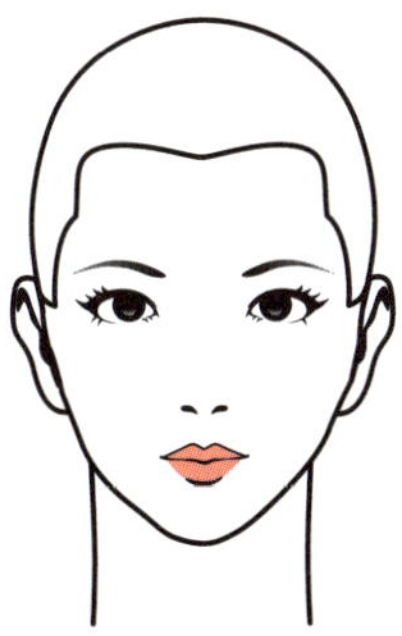

Before	After
사진 앞	사진 앞
사진 우측	사진 우측
사진 뒤	사진 뒤
사진 좌측	사진 좌측

이미지 맵

image map

드라이 연출 :

Front	Left

〈시술절차〉

테크닉 습득 포인트

-
-
-
-

key point

→

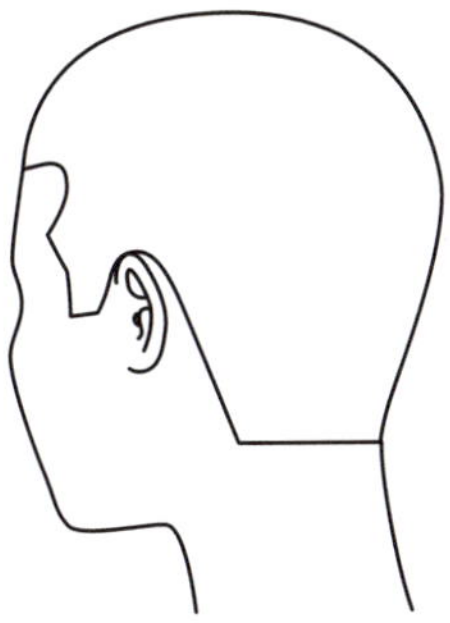

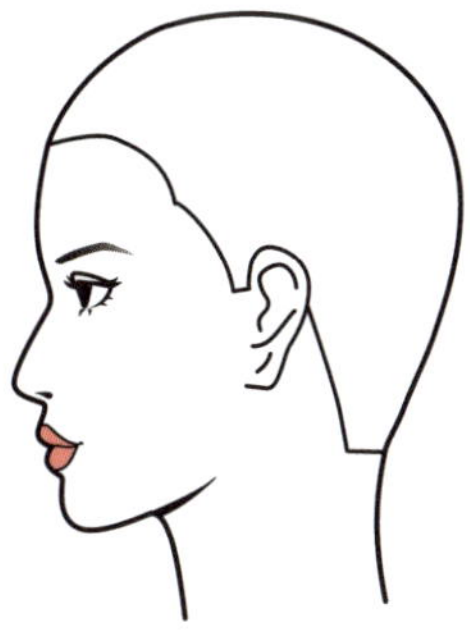

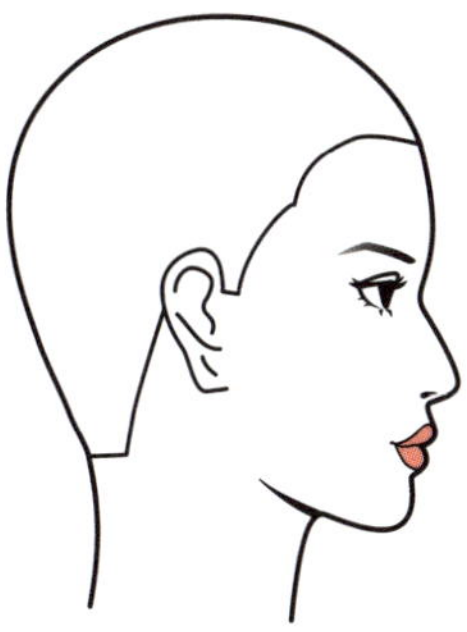

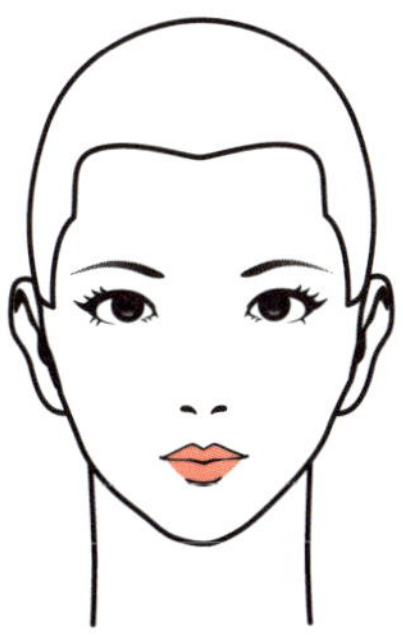

Before	After
사진 앞	사진 앞
사진 우측	사진 우측
사진 뒤	사진 뒤
사진 좌측	사진 좌측

이미지 맵

image map

드라이 연출 :

Front	Left

〈시술절차〉

테크닉 습득 포인트

-
-
-
-

key point

→

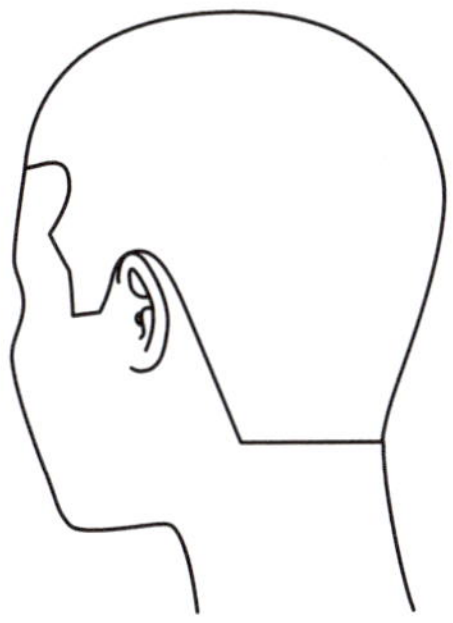

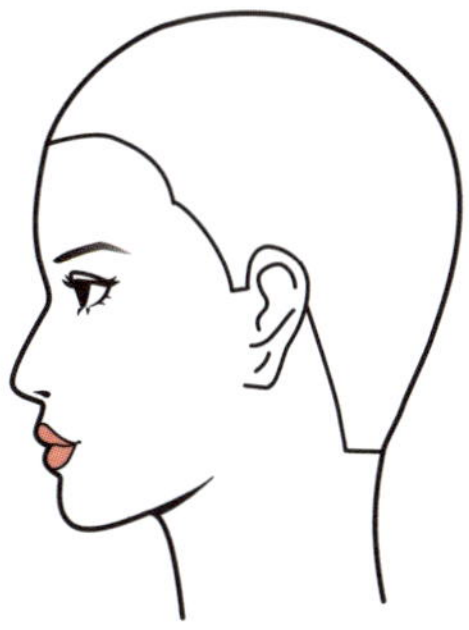

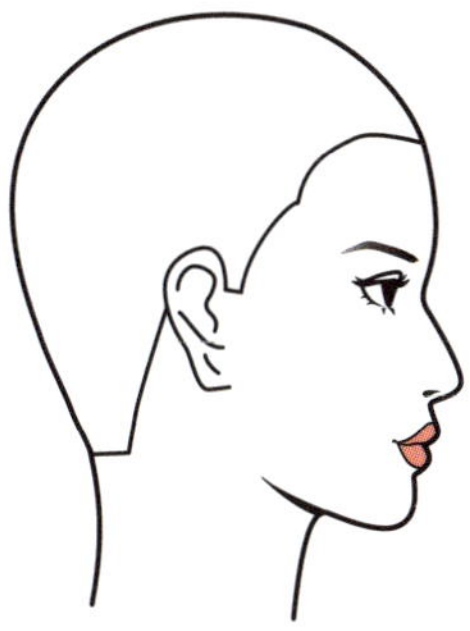

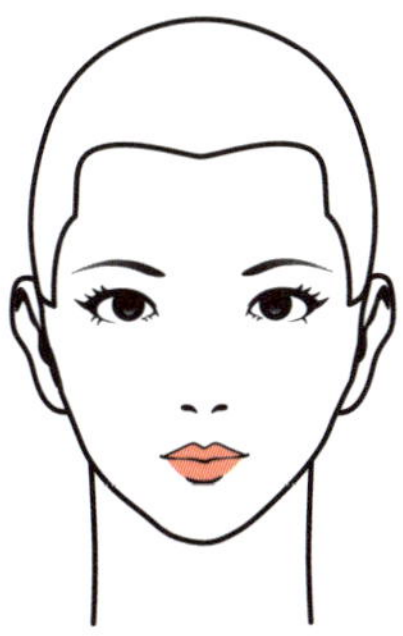

Before	After
사진 앞	사진 앞
사진 우측	사진 우측
사진 뒤	사진 뒤
사진 좌측	사진 좌측

이미지 맵

image map

MEMO

MEMO

<참고문헌>

- 모발과학 / 강주아 외(2018), 구민사
- 친절한 샴푸 & 헤드 스파 테크닉 / 김옥연 외(2017), 메디시언
- 차홍 아카데미 토탈 헤어 매뉴얼 / 차홍 아카데미(2016), ㈜시드페이퍼
- 헤어드라이 & 아이론 이론과 실제 / 정희영(2013), 훈민사
- 베이직스타일링 / 진용미 외(2014), 훈민사

<저자약력>

김미정

- 미용기능장
- 대구보건대학교 뷰티코디네이션학과 교수

홍정아

- 미용기능장
- 영진전문대학교 뷰티융합과 교수

샴푸&드라이 실전 워크북

초 판 인 쇄 | 2020년 2월 20일
초 판 발 행 | 2020년 2월 28일
초판2쇄 발행 | 2023년 3월 10일

저 자 | 김미정·홍정아
발 행 인 | 조규백
발 행 처 | 도서출판 구민사

전 화 | (02) 701-7421(~2)
팩 스 | (02) 3273-9642
홈 페 이 지 | www.kuhminsa.co.kr

신 고 번 호 | 제2012-000055호(1980년 2월 4일)
I S B N | 979-11-5813-810-3 [93590]
정 가 | 16,000원